高等学校规划教材·机械工程

工程材料与机械制造基础习题集

（第 2 版）

罗 俊 杨 方 主编

班 级 _____

学 号 _____

姓 名 _____

西北工业大学出版社

西安

【内容简介】 本书为国家工科机械基础课程教学基地系列教材《工程材料及成形工艺基础》(第 2 版,齐乐华主编,西北工业大学出版社,2020 年)、《机械加工工艺基础》(第 2 版,杨方、罗俊主编,西北工业大学出版社,2020 年)的配套习题集。本习题集分为两大部分:第 1 部分为工程材料及成形工艺基础,包括工程材料及热处理、铸造、压力加工、焊接、非金属材料及复合材料成型方法简介、毛坯成形方法选择及结构设计等 6 章内容;第 2 部分为机械加工工艺基础,包括金属切削加工的基础知识、金属切削机床的基础知识、零件表面的加工方法、机械零件的结构工艺性、机械加工工艺过程的基础知识等 5 章内容。

本书可作为高等工科院校机械类及机电类专业本科教材,也可供高职高专及成人高校选用,亦可供有关工程技术人员参考。

图书在版编目(CIP)数据

工程材料与机械制造基础习题集/罗俊,杨方主编
. —2 版. —西安:西北工业大学出版社,2020.8
高等学校规划教材. 机械工程
ISBN 978 - 7 - 5612 - 7159 - 9

Ⅰ.①工… Ⅱ.①罗… ②杨… Ⅲ.①工程材料-高等学校-习题集 ②机械制造工艺-高等学校-习题集
Ⅳ.①TB3 - 44 ②TH16 - 44

中国版本图书馆 CIP 数据核字(2020)第 141728 号

GONGCHENG CAILIAO YU JIXIE ZHIZAO JICHU XITIJI
工 程 材 料 与 机 械 制 造 基 础 习 题 集

责任编辑:何格夫		策划编辑:何格夫	
责任校对:胡莉巾		装帧设计:李 飞	

出版发行:西北工业大学出版社
通信地址:西安市友谊西路 127 号　　邮编:710072
电　　话:(029)88491757,88493844
网　　址:www.nwpup.com
印 刷 者:兴平市博闻印务有限公司
开　　本:787 mm×1 092 mm　　1/16
印　　张:5.25
字　　数:138 千字
版　　次:2002 年 8 月第 1 版　 2020 年 8 月第 2 版　 2020 年 8 月第 1 次印刷
定　　价:30.00 元

第 2 版前言

　　本习题集是国家工科机械基础课程教学基地系列教材《工程材料及成形工艺基础》(第 2 版,齐乐华主编,西北工业大学出版社,2020 年)、《机械加工工艺基础》(第 2 版,杨方、罗俊主编,西北工业大学出版社,2020 年)的配套习题集。

　　本次修订工作主要对各章节的填空、判断、选择和简答题等进行了适当扩充,并增加了综合性思考题,以更好地覆盖新版教材的教学内容。

　　本习题集由西北工业大学罗俊、杨方担任主编。编写分工如下:付佳伟编写第 1 部分第 1、2、6 章,齐乐华编写第 1 部分第 3 章和第 4 章,周计明编写第 1 部分第 5 章;罗俊编写第 2 部分第 1 章、第 4 章和第 5 章,杨方编写第 2 部分第 2 和第 3 章。

　　在编写本习题集的过程中得到了西北工业大学机电学院"工程材料及机械制造基础"课程教学团队赵志龙教授、任海果副教授和张瑞荣助理教授的帮助和大力支持,在此表示衷心的感谢。

　　本习题集中的部分题目选自其他兄弟院校的相关教材或习题集,谨向各题目设计者表示谢意。

　　由于水平有限,本习题集中难免存在不妥之处,敬请读者批评指正。

编　者

2020 年 5 月

第 1 版前言

　　本习题集是依据最新出版的国家工科机械基础课程教学基地系列教材《工程材料及成形工艺基础》(齐乐华主编,西北工业大学出版社,2002 年)、《机械加工工艺基础》(杨方主编,西北工业大学出版社,2002 年)而编写的配套教材,是为适应 21 世纪人才培养要求及遵循机械基础课程体系改革精神,在总结近年来的探索、改革和实践经验的基础上编写而成的。

　　本习题集分为两大部分。第 1 部分为工程材料及成形工艺基础,共 6 章,内容为工程材料及热处理、铸造、压力加工、焊接、非金属材料及复合材料成形方法简介、毛坯成形方法选择及结构设计。第 2 部分为机械加工工艺基础,共 5 章,内容为金属切削加工的基础知识、金属切削机床的基础知识、零件表面的加工方法、零件的结构工艺性、机械加工过程的基本知识。

　　本习题集每章包括"本章重点"及"习题"两部分内容。本章重点为提示要点,便于学生复习和掌握课程基本要求。习题中包括作业题与思考题,有判断、填空、选择和简答等多种形式。所选题目反映了课程基本要求并尽量与生产实际相结合,以便于培养学生分析、解决实际问题的能力。每题中均留有空白,便于学生直接在习题集上做练习,也便于教师审阅批改。

　　本习题集可供高等工科院校机械类及机电类专业本、专科生使用。

　　本习题集由西北工业大学杨方、王玉担任主编。编写分工如下:王玉编写第 1 部分第 1 章及第4~6章,赵志龙编写第 1 部分第 2 章,齐乐华编写第 1 部分第 3 章,杨方编写第 2 部分第1~3章,任海果编写第 2 部分第 4 章和第 5 章。

　　本习题集中的部分题目选自其他兄弟院校的教材,谨向各题目设计者表示谢意。

　　由于水平有限,本习题集中难免存在不妥之处,敬请读者指正。

编 者

2002 年 6 月

目　　录

第 1 部分　工程材料及成形工艺基础

第 1 章　工程材料及热处理

本 章 重 点

本章重点是材料的力学性能,金属及合金的晶体结构与结晶,铁碳合金的组织与性能,钢的热处理及材料改性,工程材料的种类、性能及应用,机械零件的失效分析与选材。

一、工程材料的类型和力学性能

工程材料一般可分为金属材料、高分子材料、陶瓷材料和复合材料等几大类。其中,在工程中应用最广泛的是金属材料,它包括黑色金属(钢铁等)和有色金属(如铝、铜、镁、钛及其合金、轴承合金等)两类。

力学性能是金属材料重要的使用性能。常用的力学性能指标有屈服强度(R_e,$R_{r0.2}$)、抗拉强度(R_m)、延伸率(A)、断面收缩率(Z)、冲击韧性(a_k)、硬度(HBS,HRC)和疲劳强度(R_r)。

二、合金的晶体结构与结晶

不同的金属具有不同的力学性能,即使是同一种金属,在不同的状态下其性能也不同,其根本原因在于金属的晶体结构和组织。常见的金属晶格类型有体心立方、面心立方和密排六方晶格。实际金属一般情况下都是多晶体结构,且或多或少地存在着晶体缺陷,晶体缺陷有点缺陷、线缺陷和面缺陷三种类型。晶体缺陷的存在将引起金属性能的变化,并会强烈影响金属的变形与断裂、金属的扩散、金属的结晶、固态相变等过程。金属由液态转变为固态的过程称为结晶。结晶条件不同,晶粒大小有很大差别:晶粒越细小,金属的强度、塑性和韧性越好。这种强化方式称为细晶强化,是金属强化的基本方式之一。因此,在生产中常采用增大过冷度、变质处理和振动等方法来细化晶粒,以改善金属材料的力学性能。

三、铁碳合金的组织与性能

工程上应用的金属材料主要是合金,由于构成合金各组元之间的相互作用不同,合金有固溶体、金属化合物和机械混合物三种组织。合金的成分、温度和组织之间的关系可以用相图来表示。工业中广泛应用的钢铁材料是由铁和碳组成的二元合金,其基本组织有铁素体、奥氏体、渗碳体、珠光体和莱氏体。随着钢中含碳量的增大,合金的硬度增大,而塑性、韧性不断降低;当含碳量低于 0.9% 时,钢的强度随着含碳量的增大而增大,在含碳量达到 0.9% 后,由于沿晶界形成连续的网状二次渗碳体,钢的强度开始迅速下降。

四、钢的热处理及材料改性

热处理是通过控制加热、保温和冷却过程来改变金属材料的组织,以改善金属材料的工艺性能和使用性能的重要方法,其核心问题是钢在加热和冷却过程中组织与性能的变化规律。热处理的一个最重要的特点是在处理前后基本上不改变工件的形状和尺寸。可进行热处理的先决条件是材料在加热和冷却过程中具有同素异构转变或在固态下有溶解度的变化。

常用热处理工艺包括退火、正火、淬火、回火及表面热处理和表面化学热处理。要求熟悉常用热处理工艺方法的特点及应用。

五、常用工程材料

金属材料是工程应用中的支柱材料。其中,钢是制造各种机器零件和结构的主要材料,钢的种类很多,可按化学成分、质量和用途对钢分类。按其用途不同,钢可分为结构钢、工具钢、特殊性能钢。铸铁是含碳质量分数大于 2.11% 的铁碳合金,具有良好的减震、减摩性和铸造性能。影响铸铁组织和性能的关键是碳的存在形态、大小及分布。

高分子材料、陶瓷材料和复合材料是工业中使用的三大类非金属材料。要求了解各类材料的分类、性能特点及应用。

六、机械零件的失效分析与选材

产品失效是指产品在使用过程中失去原设计功能。要获得可靠的产品,必须从结构设计、合理选材、毛坯制造、机械加工和安装使用等方面综合考虑。要求了解零件失效的原因、主要形式及机械零件选材的一般原则。

习　　题

一、填空题

1. 工程材料按其组成可分为 ＿＿＿＿＿＿＿、＿＿＿＿＿＿＿、＿＿＿＿＿＿＿ 和＿＿＿＿＿＿＿四大类。

2. 工程材料的使用性能包括＿＿＿＿＿＿＿、＿＿＿＿＿＿＿和＿＿＿＿＿＿＿。

3. 金属材料常用的力学性能指标中＿＿＿＿＿表示抗拉强度,＿＿＿＿＿表示屈服强度,＿＿＿＿＿表示硬度,＿＿＿＿＿和＿＿＿＿＿表示塑性,＿＿＿＿＿表示冲击韧性。

4. 典型的金属晶体结构有＿＿＿＿＿＿＿、＿＿＿＿＿＿＿和＿＿＿＿＿＿＿三种。

5. 金属的结晶过程由＿＿＿＿＿＿＿与＿＿＿＿＿＿＿组成,而且这两个过程是＿＿＿＿＿＿＿。

6. 液态金属冷却到＿＿＿＿＿＿＿以下才开始结晶的现象称为＿＿＿＿＿

现象。

7. 金属的 ＿＿＿＿＿＿＿＿＿＿＿＿＿＿＿ 之差，称为 ＿＿＿＿＿＿＿，用 ＿＿＿＿＿＿＿＿ 表示。

8. 实际金属结晶时，其形核方式有 ＿＿＿＿＿＿＿＿＿＿＿＿ 和 ＿＿＿＿＿＿＿＿ 两种，其中，＿＿＿＿＿＿＿＿＿＿＿＿＿＿ 又称为变质处理。

9. 金属结晶后的晶粒越细小，＿＿＿＿＿＿＿＿＿ 和 ＿＿＿＿＿＿＿ 越高，而且 ＿＿＿＿＿ 和 ＿＿＿＿＿ 也越好。细化晶粒可以采用 ＿＿＿＿＿＿＿、＿＿＿＿＿＿＿ 和 ＿＿＿＿＿＿ 等方法。

10. 合金是由 ＿＿＿＿＿＿＿＿＿＿＿＿＿＿＿＿＿＿＿＿＿＿＿＿＿ 组成的 具有 ＿＿＿＿＿＿＿ 特性的物质。组成合金的基本物质称为 ＿＿＿＿＿＿＿。

11. 金属或合金中，具有 ＿＿＿＿＿＿＿＿、＿＿＿＿＿＿＿＿＿ 的均匀组成部分称为相，相与相之间有明显的 ＿＿＿＿＿＿＿＿＿。

12. 由于构成合金各组元之间的相互作用不同，合金的结构有 ＿＿＿＿＿＿＿＿＿、＿＿＿＿＿＿＿＿＿ 和 ＿＿＿＿＿＿＿＿＿ 三种。

13. 合金结晶形成固溶体时，会引起晶格畸变，使得合金的 ＿＿＿＿＿＿＿ 和 ＿＿＿＿＿＿ 提高，而 ＿＿＿＿＿＿＿＿＿ 下降的现象称为固溶强化。

14. 铁碳合金是由 ＿＿＿＿＿ 和 ＿＿＿＿＿ 组成的二元合金，其基本组织有 ＿＿＿＿＿＿、＿＿＿＿＿＿、＿＿＿＿＿＿、＿＿＿＿＿＿ 和 ＿＿＿＿＿＿ 五种。

15. 固溶强化的实质是由于 ＿＿＿＿＿＿＿＿ 与 ＿＿＿＿＿＿＿ 的弹性交互作用，阻碍了 ＿＿＿＿＿＿＿＿＿ 的运动。

16. 铁素体的力学性能特点是 ＿＿＿＿＿＿＿＿＿；渗碳体的力学性能特点是 ＿＿＿＿＿＿＿＿。

17. 通常情况下，多晶体不具有方向性，但当金属的塑性变形量很大时，金属的性能会表现出明显的 ＿＿＿＿＿＿＿＿＿＿＿＿＿，＿＿＿＿＿＿＿＿＿＿＿＿ 的强度和塑性远大于 ＿＿＿＿＿＿＿＿＿＿＿。

18. 珠光体是通过 ＿＿＿＿＿＿ 反应得到的由 ＿＿＿＿＿＿ 和 ＿＿＿＿＿＿ 组成的片层状组织，片间距越小，其力学性能 ＿＿＿＿＿＿。

19. 请说明铁碳相图中下述特征线的含义：

(1) ECF 线是 ＿＿＿＿＿＿＿＿＿＿＿＿＿＿＿＿＿＿＿＿＿＿＿ 线；

(2) PSK 线是 ＿＿＿＿＿＿＿＿＿＿＿＿＿＿＿＿＿＿＿＿＿＿＿ 线；

(3) GS 线是 ＿＿＿＿＿＿＿＿＿＿＿＿＿＿＿＿＿＿＿＿＿＿＿＿ 线；

(4) ES 线是 ＿＿＿＿＿＿＿＿＿＿＿＿＿＿＿＿＿＿＿＿＿＿＿＿ 线。

20. 钢的热处理是通过 ＿＿＿＿＿＿＿＿、＿＿＿＿＿＿＿ 和 ＿＿＿＿＿＿，以改变钢的内部 ＿＿＿＿＿＿＿＿＿，从而改善钢的 ＿＿＿＿＿＿＿。

21. 热处理的特点是改变_____，而不改变_____。

22. 共析钢过冷奥氏体在 550 ～ 700℃ 温度范围转变所得到的组织为_____类型组织，转变温度越低，_____。

23. 马氏体是_____固溶体，其转变温度范围为_____，其性能特点是_____。

24. 马氏体的硬度主要取决于_____。

25. 退火的冷却方式是_____，常用的退火方法有_____、_____、_____及_____等。 退火的主要目的是_____。

26. 淬火的冷却特点是_____，所得到的组织是_____。

27. 钢的淬硬性是指钢在_____；淬硬性主要取决于_____。

28. 钢件淬火后应进行_____，以消除_____，防止工件_____和_____。

29. 调质处理是指_____加_____的热处理工艺，钢件经调质处理后，可以获得良好的_____性能。

30. 形变热处理是一种将_____和_____相结合的工艺，形变热处理可以提高钢的_____。

31. 碳钢的分类方法有多种：① 按钢中含碳量不同分为_____、_____和_____，其含碳量分别为_____、_____和_____。②按钢的用途不同分为_____、_____和_____。

32. 合金钢按用途可分为_____、_____和_____。

33. 根据碳在铸铁中的存在形式不同，铸铁分为_____、_____和_____。

34. 球墨铸铁是经过_____和_____处理后获得的具有球状石墨的铸铁，它的_____性能与碳钢相近，并具有良好的切削加工性能和_____工艺性能。

35. 常用的工程材料除金属材料外，还有_____、_____和_____等。

36. 按基体材料不同，复合材料可分为_____复合材料和_____复合材料。

37. 零件使用过程中，由于某种原因所导致的_____的现象称为失效。

二、判断题(在正确的题后打"√",在错误的题后打"×")

1.金属材料的屈服强度都是用 $R_{r0.2}$ 来表示的。　　　　　　　　　　　　　　　　(　　)

2.材料的弹性越好,其塑性也越好。　　　　　　　　　　　　　　　　　　　　(　　)

3.金属结晶时,冷却速度越快,过冷度越大,则结晶后晶粒越细小。　　　　　　(　　)

4.金属结晶后的晶粒越小,晶界数量越多,则性能越差。　　　　　　　　　　　(　　)

5.金属的热变形可以细化晶粒。　　　　　　　　　　　　　　　　　　　　　　(　　)

6.碳钢冷变形后因产生加工硬化而强度提高,但在热变形时因不产生加工硬化,故性能得不到改善。　　　　　　　　　　　　　　　　　　　　　　　　　　　　　　　(　　)

7.钢中含碳量的增加,其硬度提高,强度也提高。　　　　　　　　　　　　　　(　　)

8.溶质原子与基体金属的原子尺寸相差越大,强度也越大。　　　　　　　　　　(　　)

9.钢热处理后的组织及性能,不仅取决于冷却速度,也受加热温度的影响。　　　(　　)

10.单晶体金属具有各向异性,而多晶体金属一般不显示各向异性。　　　　　　(　　)

11.共晶反应是从一种固相中同时析出另外两种固相的反应。　　　　　　　　　(　　)

12.金属再结晶后晶粒的大小,只与加热温度和保温时间有关,而与金属的塑性变形程度无关。　　　　　　　　　　　　　　　　　　　　　　　　　　　　　　　　　(　　)

13.不同晶格类型,原子排列的密度不同,因此,金属进行同素异构转变时,将引起金属体积的变化。　　　　　　　　　　　　　　　　　　　　　　　　　　　　　　　(　　)

14.渗碳体在钢中是强化相,所以,组织中渗碳体量越多,强度越高。　　　　　　(　　)

15.T13 钢的硬度很高,故在切削加工前应进行完全退火,以降低硬度。　　　　(　　)

16.合金元素含量越高,马氏体的硬度越高。　　　　　　　　　　　　　　　　　(　　)

17.回火后钢的机械性能主要取决于回火温度而不是冷却速度。　　　　　　　　(　　)

18.为消除共析钢中的网状渗碳体,应采用的热处理工艺是完全退火。　　　　　(　　)

19.T12 是含碳量较高的碳素工具钢,不仅可以制作锉刀,也可用来制作钻头。　(　　)

20.所有金属材料都可以通过热处理来改变组织,从而改善其性能。　　　　　　(　　)

21.热处理是强化金属材料的唯一途径。　　　　　　　　　　　　　　　　　　　(　　)

22.表面热处理是一种以改变工件表层组织和性能为目的的工艺。　　　　　　　(　　)

23.热处理只改变工件的组织与性能,而化学热处理不仅可以改变工件表层的组织与性能,还可以改变工件表层的化学成分。　　　　　　　　　　　　　　　　　　　(　　)

24.钢的淬硬深度只与其化学成分有关,而与冷却介质和零件尺寸无关。　　　　(　　)

25.目前在机械工程中所使用的材料都是金属材料。　　　　　　　　　　　　　(　　)

26.渗碳钢多用来制造硬度高、耐磨性好的零件,因此常用渗碳钢的含碳量都很高。

(　　)

27.与灰口铸铁相比,可锻铸铁具有较高的强度和韧性,故可以用来生产锻件。　(　　)

28.钛是一种具有同素异构性的有色金属,可以通过热处理进行强化。　　　　　(　　)

29.不但金属材料具有同素异构现象,一些无机非金属晶体材料,也存在同素异构转变。

(　　)

30.复合材料具有许多优良的性能,比强度、比模量、抗疲劳强度及高温性能均高于金属材料,已完全可以取代金属材料。　　　　　　　　　　　　　　　　　　　　　(　　)

31.造成零件失效的原因主要是零件设计、选材、加工、装配与使用不当等方面的原因。

( )

三、选择题

1.下列力学性能指标中,对材料组织不敏感的是( )。

    A.硬度   B.刚度   C.塑性   D.抗拉强度

2.珠光体是下述( )的产物。

    A.共晶反应   B.匀晶反应   C.共析反应   D.次生相析出反应

3.过共析钢在冷却过程中遇到 ES 线时,将发生的反应是( )。

    A.共析反应   B.匀晶反应   C.次生相析出反应   D.共晶反应

4.固溶强化的本质原因是( )。

    A.晶格类型发生变化   B.晶粒变细   C.晶格发生滑移   D.晶格发生畸变

5.$Fe-Fe_3C$ 相图中的 GS 线是( )。

    A.冷却时从 A 析出 F 的开始线   B.冷却时从 A 析出 Fe_3C 的开始线

    C.加热时从 A 析出 F 的开始线   D.加热时 A 溶入 F 的开始线

6.下述钢中强度最高的是( )。

    A.T8 钢   B.45 钢   C.65 钢   D.T13 钢

7.在金属材料的力学性能指标中,"200 HBW"是指( )。

    A.硬度   B.弹性   C.强度   D.塑性

8.下述金属中硬度最高的是( )。

    A.40 钢   B.30CrMnSi   C.T8 钢   D.铸铁

9.金属锌室温下的晶格结构类型为( )。

    A.体心立方晶格   B.面心立方晶格   C.体心六方晶格   D.密排六方晶格

10.Q235A 属于( )。

    A.合金钢   B.普通碳素结构钢   C.优质碳素结构钢   D.工具钢

11.T12A 属于( )。

    A.合金钢   B.工具钢

    C.优质碳素结构钢   D.高级优质碳素工具钢

12.40CrNiMo 是一种合金结构钢,元素符号前面的数字 40 表示的是( )。

    A.钢中含碳量的千分数   B.钢中含碳量的万分数

    C.钢中含碳量的百分数   D.钢中合金元素的总含量

13.9Mn2V 是一种合金工具钢,元素符号前面的数字 9 表示的是( )。

    A.钢中含碳量的百分数   B.钢中含碳量的千分数

    C.钢中含碳量的万分数   D.钢中合金元素的总含量

14.机床主轴要求具有良好的综合力学性能,制造时应选用的材料及热处理工艺是( )。

    A.20 钢,淬火+高温回火   B.45 钢,淬火+高温回火

    C.T8 钢,淬火+低温回火   D.45 钢,正火

15. 制造锉刀、模具时应选用的材料及热处理工艺是（　　）。

  A. 45 钢，淬火＋高温回火　　　　　　B. T12 钢，淬火＋低温回火

  C. T8 钢，淬火＋高温回火　　　　　　D. T12 钢，正火

16. 弹簧及一些要求具有较高屈服极限的热作模具等，常采用的热处理工艺是（　　）。

  A. 淬火＋低温回火　　　　　　　　　B. 淬火＋中温回火

  C. 表面淬火　　　　　　　　　　　　D. 退火

17. 15 钢零件在切削加工前，进行正火处理的目的是（　　）。

  A. 消除应力，防止工件加工后变形　　　B. 降低硬度以便于切削加工

  C. 适当提高硬度以便于切削加工　　　　D. 消除网状二次渗碳体

18. T12 钢棒在球化退火前，进行正火处理的目的是（　　）。

  A. 消除应力　　　　　　　　　　　　B. 适当提高硬度以便于切削加工

  C. 消除网状二次渗碳体　　　　　　　D. 降低硬度以便于切削加工

19. 将白口铸铁通过高温石墨化退火或氧化脱碳处理，改变其金相组织而获得的具有较高韧性的铸铁，称为（　　）。

  A. 可锻铸铁　　　　　B. 灰口铸铁　　　　　C. 球墨铸铁　　　　　D. 蠕墨铸铁

20. 由两层或两层以上不同材料结合而成的层状复合材料，如双金属材料等，称为（　　）。

  A. 纤维增强复合材料　　　　　　　　B. 颗粒增强复合材料

  C. 层合复合材料　　　　　　　　　　D. 骨架复合材料

四、简答题

1. 金属材料晶粒的大小对材料的力学性能有哪些影响？用哪些方法可以使液态金属结晶后获得细晶粒？

_____

_____

_____

2. 在金属结晶过程中，细化晶粒的方法有哪些？为什么？

_____

_____

_____

3. 合金中的固溶体与金属化合物在晶体结构和机械性能上有何区别？

_____

_____

_____

_____

4.在图 1-1 上用曲线表示:在固态下纯铁棒的长度
(l)随着温度(t)升高的变化规律,并说明其原因。

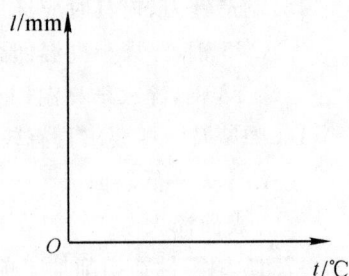

图 1-1　固态下纯铁棒 $l-t$ 关系图

_____

_____

_____

5.含碳质量分数分别为 0.20%,0.45%,0.80%,
1.3%的碳钢,自液态缓冷至室温后,所得组织有何区别?
并定性地比较这四种钢的 R_m 和硬度(HRC)。

含碳量	0.20%	0.45%	0.80%	1.3%
室温组织				
R_m				
硬度(HRC)				

6.三块形状和颜色完全相同的铁碳合金,分别是 15 钢、60 钢和白口铸铁,用什么简便方
法可迅速区分它们?

_____

_____

_____

_____

7.进行退火处理的目的是什么?

_____

_____

_____

8.说明下列零件毛坯进行正火的主要目的及正火后的组织。

(1) 20 钢锻造的齿轮毛坯:

_____

(2) 45 钢锻造的机床主轴毛坯:

_____

(3) T12 轧制而成的锉刀毛坯(组织为网状 Fe_3C_{II} 和片状珠光
体):_____

9.用中碳钢板弯制成图 1-2 所示的 U 形试样,在未弯至预定的
形状前,已在钢板的外沿出现裂纹。试问这是由于材料的哪种机械
性能不足造成的?为避免钢板外沿开裂,应改用低碳钢还是高碳钢?

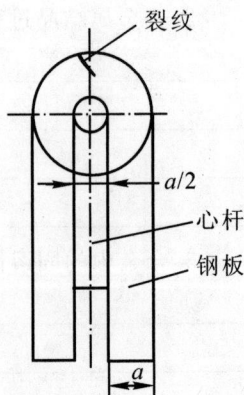

图 1-2　U 形试样

为什么?

_____

_____

_____

_____

_____

10. 淬火后,为什么一般都要及时进行回火? 回火后钢的力学性能为什么主要是取决于回火温度而不是冷却速度?

_____

_____

_____

_____

11. 两根 $\phi 18 \text{ mm} \times 200 \text{ mm}$ 的轴,一根用 20 钢经 920℃ 渗碳后直接淬火及 180℃ 回火,硬度为 58~62 HRC,另一根用 20CrMnTi 钢亦经 920℃ 渗碳后直接淬火,并经 −80℃ 冰冷处理后再进行 180℃ 回火,硬度为 60~64 HRC。试分析这两根轴的表层和心部的组织及其性能有何区别。

_____

_____

_____

_____

_____

12. 一直径为 $\phi 15 \text{ mm}$ 的退火态 45 钢圆棒 AB,一端加热至 1 000℃,经保温后,在不同距离处取测温点如图 1-3 所示。然后将圆棒放入冷水中快速冷至室温,请写出各测温点的组织。

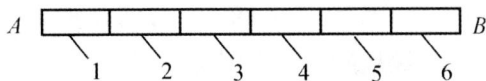

A ▭▭▭▭▭▭▭ B
　 ↙ ↓ ↓ ↓ ↓ ↓ ↘
　 1　2　3　4　5　6

图 1-3　45 钢圆棒

测温点序号	1	2	3	4	5	6
加热时达到的温度/℃	20	400	680	740	830	1 000
室温组织						

13. 45 钢轴的生产工艺过程如下,试说明其中各热处理工序的目的。

锻造→正火→粗加工→调质→精加工→局部表面淬火＋低温回火→磨削。

―――――――――――――――――――――――――――――――

―――――――――――――――――――――――――――――――

―――――――――――――――――――――――――――――――

―――――――――――――――――――――――――――――――

五、思考题

1.金属结晶的基本规律是什么?

2.再结晶和重结晶有什么不同?

3.机床摩擦片用于传动或主轴刹车,要求耐磨性好。选用 15 钢渗碳淬火,要求渗碳层 0.4~0.5 mm,淬火回火后硬度 40~45 HRC。加工摩擦片的工艺路线如下,试说明其中各热处理工序的目的。

　　　　　下料→机加工→渗碳淬火及回火→机加工→回火

4.高速钢为什么要经三次 560℃ 的回火? 能否改用一次较长时间的回火? 高速钢在 560℃回火是否为调质处理? 为什么?

5.在生产上,铝硅合金常采用变质材料,为什么?

6.简要说明复合材料的性能特点。

7.零件的失效形式主要有哪些? 分析零件失效的主要目的是什么?

8.在机械零件设计中,选择零件材料的一般原则是什么? 其中首先应考虑的是什么?

六、综合性思考题

45 号钢为优质碳素结构用钢,硬度不高但易于切削加工,模具中常用来做模板、梢子等,同时还常常用作轴类零件的材料,但是在使用前需要对 45 钢进行热处理。45 钢经正火、退火、调质、不同淬火＋中温回火、淬火＋不同中温回火、正火＋高温回火 6 种工艺处理,经过车削后可以获得不同的表面粗糙度。随着技术的不断发展与进步,一些智能化、机械化、专业化的机械加工企业生产出的零件表面质量尤其是表面粗糙度不但要求在设定的技术要求内,而且要稳定、一致。企业希望在机械加工条件不变的情况下,通过热处理工艺改变材料的内部组织,达到控制和改善零件表面粗糙度这一目的。请以常用的 45 钢为试验材料,详细阐述 45 钢表面粗糙度与热处理工艺为什么会有如表 1－1~表 1－6 所示的关系(45 钢取自安阳钢铁集团有限责任公司所生产的规格为 $\phi 30$ mm $\times 200$ mm 的棒材,其化学成分为 0.44％C、0.05％Cr、0.60％Mn、0.27％Si、0.021％P、0.02％S、0.05％Ni、0.01％Cu,采用 SX2 － 5 － 12 型箱式电阻炉进行热处理,采用 4XB 型金相显微镜进行金相组织观察,采用 TR200 型针描式粗糙度仪测量表面粗糙度,采用 CA6180 车床进行切削加工,车削吃刀量为 1 mm,进给量为 0.13 mm/r,主轴转速为650 r/min,车削长度为 60 mm)。

表 1－1　正火处理后零件的表面粗糙度

工　艺	$Ra/\mu m$	$Rz/\mu m$	Rsm/mm
820℃×0.5 h空冷	7.730	38.13	0.166
850℃×0.5 h空冷	6.849	37.60	0.166
880℃×0.5 h空冷	6.165	34.25	0.166

表 1-2　退火处理后零件的表面粗糙度

工　艺	$Ra/\mu m$	$Rz/\mu m$	Rsm/mm
800℃×0.5 h 随炉冷	4.723	24.10	0.133 0
820℃×0.5 h 随炉冷	5.854	29.29	0.133 0
840℃×0.5 h 随炉冷	5.353	30.96	0.148 1

表 1-3　不同淬火十中温回火处理后零件的表面粗糙度

工　艺	$Ra/\mu m$	$Rz/\mu m$	Rsm/mm
820℃×0.5 h 盐水冷＋400℃×0.5 h 空冷	2.756	11.10	0.135 5
840℃×0.5 h 盐水冷＋400℃×0.5 h 空冷	2.827	12.30	0.137 9
860℃×0.5 h 盐水冷＋400℃×0.5 h 空冷	2.995	13.27	0.133 3

表 1-4　调质处理后零件的表面粗糙度

工　艺	$Ra/\mu m$	$Rz/\mu m$	Rsm/mm
840℃×0.5 h 盐水冷＋500℃×0.5 h 空冷	3.494	13.27	0.133
840℃×0.5 h 盐水冷＋580℃×0.5 h 空冷	3.975	16.91	0.129
840℃×0.5 h 盐水冷＋650℃×0.5 h 空冷	4.422	19.11	0.133

表 1-5　淬火后经不同中温回火处理后零件的表面粗糙度

工　艺	$Ra/\mu m$	$Rz/\mu m$	Rsm/mm
840℃×0.5 h 盐水冷＋350℃×0.5 h 空冷	3.480	15.85	0.133 0
840℃×0.5 h 盐水冷＋400℃×0.5 h 空冷	2.827	12.30	0.137 9
840℃×0.5 h 盐水冷＋450℃×0.5 h 空冷	3.473	18.06	0.129 0

表 1-6　正火十高温回火处理后零件的表面粗糙度

工　艺	$Ra/\mu m$	$Rz/\mu m$	Rsm/mm
850℃×0.5 h 空冷＋500℃×0.5 h 空冷	6.452	33.02	0.153 8
850℃×0.5 h 空冷＋580℃×0.5 h 空冷	5.585	26.7	0.133 0
850℃×0.5 h 空冷＋650℃×0.5 h 空冷	6.426	31.71	0.153 8

第2章 铸 造

本 章 重 点

本章重点为成形理论基础,砂型铸造方法及其工艺设计,常用合金铸件生产特点,各种特种铸造方法的特点及适用范围,铸件结构的合理设计。

一、铸造成形理论基础

合金铸造性能包括合金的充型能力、收缩、偏析、氧化和吸气等。流动性、收缩性对铸件质量影响很大,流动性差时铸件易出现浇不足、冷隔等缺陷。影响液态合金流动性的因素包括合金成分、合金物理性质、合金的温度等。靠近共晶成分的铸造合金流动性最好。影响液态合金流动和液态温度保持时间的因素都会影响到合金液的充型能力。铸造合金的液态收缩和凝固收缩如得不到液态金属的补充,将在铸件最后凝固的区域产生缩孔和缩松缺陷,工艺上一般采用顺序凝固的措施来防止;固态收缩如受到阻碍将在铸件中产生铸造应力,甚至造成铸件的变形或裂纹。

二、砂型铸造方法及其工艺设计

砂型铸造是应用最广泛的铸造方法,分为手工造型和机器造型。铸造工艺图是直接在零件图上用规定的符号和颜色表达出铸造工艺方案,铸造工艺图所包含的内容有浇注位置、分型面、型芯、加工余量、拔模斜度、铸造圆角、铸造收缩率、浇口、冒口、冷铁、不铸的孔和槽等。

三、特种铸造方法

特种铸造是除砂型铸造以外的其他铸造方法。常用的铸造方法有熔模铸造、金属型铸造、压力铸造、离心铸造、低压铸造、陶瓷型铸造等。其生产特点各异,适用范围也不同,可根据铸件材料、尺寸、形状和生产批量等条件选用合适的铸造方法。

四、铸件结构的设计

设计铸件结构时,不仅应使其结构能满足零件的使用要求,还应考虑铸件成形的可行性和经济性,使所设计的铸件结构能够简化和方便铸造生产。良好的铸件结构应与金属的铸造性能、铸件的铸造工艺相适应。

习　题

一、填空题

1. 合金铸造性能的优劣对能否获得优质的铸件有着重要影响，其中_____及_____是影响成形工艺及铸件质量的两个最基本的问题。

2. 液态金属的充型能力主要取决于合金的流动性。合金的流动性的大小通常用浇注_____试样的方法来衡量，流动性不好的合金铸件易产生_____和_____、气孔、夹渣等铸造缺陷。

3. 影响液态合金流动性的主要因素有_____、_____、_____、不溶杂质和气体等。合金的凝固温度范围越宽，其流动性越_____。

4. 任何一种液态金属注入铸型以后，从浇注温度冷却至室温都要经过三个相互联系的收缩阶段，即_____、_____和_____。

5. 铸件在凝固过程中所造成的体积缩减如得不到液态金属的补充，将产生缩孔或缩松。凝固温度范围窄的合金，倾向于"逐层凝固"，因此易产生_____；而凝固温度范围宽的合金，倾向"糊状凝固"，因此易产生_____。

6. 准确地估计铸件上缩孔可能产生的位置，是合理安排冒口和冷铁的主要依据。生产中，确定缩孔位置的常用方法有_____、_____和_____等。

7. 顺序凝固原则主要适用于_____的合金，其目的是_____，同时凝固原则主要适用于_____的合金，其目的是_____。

8. 铸件在冷却收缩过程中，因壁厚不均等因素造成铸件各部分收缩的不一致，这种内应力称为_____；铸件收缩受到铸型、型芯及浇注系统的机械阻碍而产生的应力称为_____。

9. 合金的_____和_____是形成铸件缩孔和缩松的基本原因。

10. 砂型铸造制造铸型的过程，可分为手工造型和机器造型。按起模特点的不同，手工造型可分为_____、_____、_____、_____、_____、_____等造型方法。各种机器造型机械按紧砂特点的不同分为_____、_____、_____、_____、_____。

11. 浇注系统是为填充型腔和冒口而开设于铸型中的一系列通道，通常由_____、_____、_____和_____组成。

12. 铸造工艺图是表达铸造工艺方案的图形，绘制铸造工艺图时要考虑选择_____和_____位置，并且要确定_____、_____、_____和_____等工艺参数。

13. 铸造方法从总体上可分为普通铸造和特种铸造两大类，普通铸造是指砂型铸造方法，不同于砂型铸造的其他铸造方法统称为特种铸造，常用的特种铸造方法有_____、

_____、_____、_____、_____等。

14. 在各种铸造方法中,适应性最广的是_____,生产率最高的是_____,易于获得较高精度和表面质量的是_____,易于产生比重偏析的是_____。

15. 铸件结构的设计要考虑铸造工艺和合金铸造性能的要求,从合金铸造性能考虑,设计时应使铸件结构具有_____、_____、_____。

16. 为使模样容易从砂型中取出,型芯容易从芯盒中取出,在模样和芯盒上均应做出一定的_____。

二、判断题（在正确的题后打"√",在错误的题后打"×"）

1. 浇注温度越高,合金的流动性越好,因此,铸造生产中往往采用较高的浇注温度。
（　　）

2. 为了保证良好的铸造性能,铸造合金,如铸造铝合金和铸铁等,往往选用接近共晶成分的合金。（　　）

3. 机器造型应采用两箱造型,即只能有一个分型面。（　　）

4. 为保证压力铸造所生产铸件的使用性能,须安排热处理以消除铸造内应力、改善组织。
（　　）

5. 由于金属型没有退让性,因此,应尽早开型趁热取出铸件。（　　）

6. 采用型芯可以制造出各种复杂的铸件,因此,设计铸件结构时可考虑尽量多地采用型芯。（　　）

7. 可锻铸铁件是先浇注出白口组织铸件,然后经过长时间高温退火而得到的。（　　）

8. 球墨铸铁含碳量接近共晶成分,因此一般不需要设置冒口和冷铁。（　　）

9. 金属型铸造由于采用的是金属的铸型,适合于高熔点合金,如耐热钢、磁钢等的铸造生产。（　　）

10. 熔模铸造时,由于蜡模要在耐火模壳硬化后熔去,因此蜡料的质量对最终铸件的质量没有多大的影响。（　　）

11. 铸钢件的凝固收缩率较大,因此为了减小残余内应力,铸造时往往采用同时凝固的原则进行工艺设计。（　　）

12. 大型铸件中,组织致密程度存在较大的差异,如以分型面为界,往往是铸件上半部分的质量较好。（　　）

13. 铸件的壁厚应大于铸件允许的最小壁厚,以免产生浇不足的缺陷。（　　）

14. 灰口铸铁铸件壁越厚,强度越高;壁越薄,强度越低。（　　）

15. 铸钢件在浇铸后需经热处理才能使用,而铸铁件只有在某些特殊要求下才需要热处理。（　　）

16. 铸件中内应力越大,产生变形和裂纹的倾向也就越大。（　　）

17. 铸件在凝固收缩阶段受阻碍时,会在铸件内产生内应力。（　　）

18. 离心铸造由于比重偏析现象严重,因此不适于生产"双金属"铸件。（　　）

19.铸造生产的一个显著优点是能生产复杂的铸件,故铸件的结构越复杂越好。 （   ）

三、选择题

1. 形状较复杂的毛坯,尤其是具有复杂内腔的毛坯,最合适的生产方法是（   ）。

    A.模型锻造   B.焊接   C.铸造   D.热挤压

2. 目前砂型铸造仍在金属毛坯的制造中占有相当的份额,其主要原因是（   ）。

    A.毛坯的机械性能高   B.毛坯的成品率高

    C.生产成本低   D.生产的自动化程度高

3. 铸造合金在凝固过程中,液、固相混杂的双相区域的宽窄,即凝固区域的宽度,对合金的流动性有较大的影响。下列不会影响到凝固区域宽度的因素是（   ）。

    A.铸型的激冷能力   B.合金的凝固温度范围

    C.合金的热导率   D.合金的固态收缩量

4. 为防止大型铸钢件热节处产生缩孔或缩松,生产中常采用的工艺措施是（   ）。

    A.采用在热节处加明、暗冒口或冷铁以实现顺序凝固

    B.尽量使铸件壁厚均匀以实现同时凝固

    C.提高浇注温度

    D.采用颗粒大而均匀的原砂以改善填充条件

5. 铸铁的铸造工艺性比铸钢的要好,其主要原因是（   ）。

    A.铸铁的浇注温度高,凝固温度范围小,收缩率大

    B.铸铁的浇注温度低,凝固温度范围小,收缩率小

    C.铸铁的浇注温度低,凝固温度范围大,收缩率小

    D.铸铁的浇注温度高,凝固温度范围大,收缩率大

6. 下列不会影响到砂型铸件机械加工余量选择的因素是（   ）。

    A.造型方法   B.合金的种类

    C.铸件的尺寸   D.合金凝固过程中的收缩量

7. 在选择铸型分型面时,应尽量做到（   ）。

    A.型腔均分于各砂箱中

    B.采用两个或两个以上的分型面

    C.使分型面为非平直的面

    D.使分型面为一个平直面,且使型腔全部或大部位于同一砂箱中

8. 铸造中,设置冒口的目的是（   ）。

    A.改善冷却条件   B.排出型腔中的空气

    C.减少砂型用量   D.有效地补充收缩

9. 用金属型铸造和砂型铸造生产相同结构的铝合金铸件,则金属型铸件具有（   ）。

    A.组织致密程度高,机械加工余量小

    B.组织疏松,机械性能差

　　C.铸件的尺寸较大

　　D.表面质量差,铸造缺陷多

10.金属型铸造和压力铸造要特别注意开型时间,即铸件出模时间,这主要是由于( )。

　　A.铸件的冷却速度快,铸型退让性差

　　B.铸件结构复杂,起模困难

　　C.铸件刚性差,出模时容易变形

　　D.铸件容易产生夹砂缺陷

11.大型铸钢件在批量生产时,适合采用的铸造方法是( )。

　　A.压力铸造　　　　B.砂型铸造　　　　C.熔模铸造　　　　D.离心铸造

12.铸造时不需要使用型芯而能获得圆筒形铸件的铸造方法是( )。

　　A.砂型铸造　　　　B.离心铸造　　　　C.熔模铸造　　　　D.压力铸造

13.设计铸件结构时,铸件壁厚若小于规定的最小壁厚铸件易出现的铸造缺陷是( )。

　　A.晶粒组织粗大　　B.浇不足和冷隔　　C.错箱　　　　　　D.砂眼

14.确定浇注位置时,将铸件薄壁部分置于铸型下部的主要目的是( )。

　　A.避免浇不足　　　B.避免裂纹　　　　C.利于补缩铸件　　D.利于排除型腔气体

15.为保证铸件的强度和刚性,可在铸件的薄弱部位设置加强筋,其原理是( )。

　　A.改善合金结晶条件　　　　　　　　　B.加强筋壁小于铸件内部壁厚

　　C.加强筋壁厚大于铸件内部壁厚　　　　D.加强筋和铸件主体同步凝固

16.控制铸件同时凝固的主要目的是( )。

　　A.减少应力　　　　B.消除缩松　　　　C.消除气孔　　　　D.防止夹砂

四、简答题

1.合金流动性不好时,会影响到铸件的质量。请问:

(1)合金流动性不好时容易产生哪些铸造缺陷?

_____

_____

(2)影响合金流动性的主要因素有哪些?

_____

_____

(3)设计铸件时,如何保证合金的流动性?

_____

_____

2.合金的液态收缩、凝固收缩以及固态收缩与铸件中孔洞的产生以及铸造内应力的产生直接相关。请问:

（1）铸件中产生缩孔和缩松的主要原因是什么？生产工艺上有哪些预防措施？

_____

_____

（2）铸件产生铸造内应力的主要原因是什么？如何减小或消除铸造内应力？

_____

_____

3. 影响充型能力的因素及提高充型能力的措施有哪些？

_____

_____

4. 请区分下列名词所代表的含义。

（1）缩孔与缩松：_____

（2）浇不足与冷隔：_____

（3）偏芯与错箱：_____

（4）冷裂与热裂：_____

（5）分型面与分模面：_____

5. 绘制铸造工艺图是铸造工艺设计所必要的铸造工艺方案图形。请问：

（1）什么是浇注位置？浇注位置选择一般性的原则是什么？

_____

_____

（2）什么是分型面？分型面选择一般性的原则是什么？

_____

_____

（3）主要的工艺参数有哪些？铸件模样的尺寸和零件的尺寸有哪些不同？

_____

_____

6. 什么是铸造合金的收缩性？有哪些因素影响铸件的收缩性？

_____

_____

_____

五、工艺分析

1. 图 2-1 为一个直径较大而且较长的圆柱体铸件,如铸出后不久即去加工,在分别车外圆、钻孔、侧面铣削后常发现工件有变形发生,试画出可能发生的变形示意图,并简述其原因。

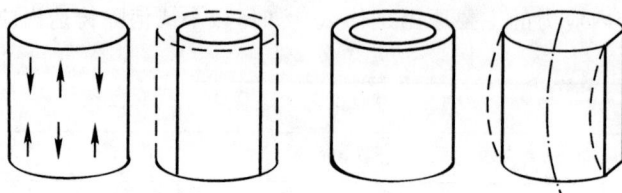

图 2-1　铸造内应力及变形分析

2. 图 2-2 的零件材料为 HT150。请回答下列问题:

(1) 单件生产时,分析可能的分型方案,并比较其优、缺点。

(2) 成批量生产时,考虑采用机器造型,则图示结构有何缺陷? 试做适当修改。

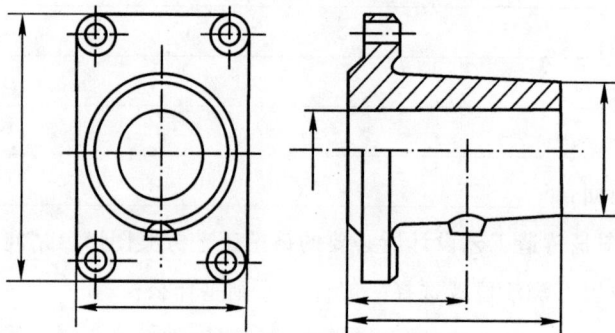

图 2-2　分型方案分析

3. 图 2-3(a)(b)中各零件采用砂型铸造制坯。试绘制出各铸件的铸造工艺图、铸件图、木模外形图及合箱图。

4. 对于图 2-4 的铸件,若轴承座属于大量生产的铸件,而轴承盖为单件生产的铸件。试确定其造型方法、浇注位置和分型面位置。

5. 图 2-5 中各铸件结构有何缺点? 应如何改进设计?

6. 总结整体模、分开模、活块、刮板、挖砂、假箱、三箱及地坑等造型方法的适用范围。对如图 2-6 所示的每个零件分别选用两种造型方法。

7. 要铸造如图 2-7 所示的支撑台 40 件,此零件用于支撑中等静载荷,试选择铸造合金并绘出铸造工艺图。

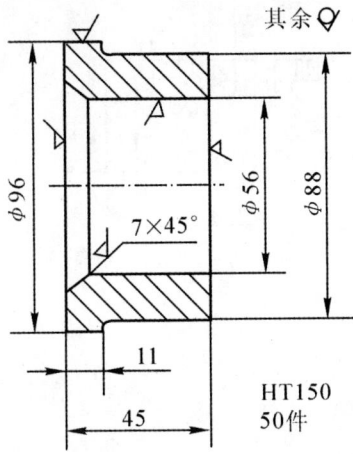

其余 ▽

$\phi 96$
$\phi 88$
$\phi 56$
$7 \times 45°$
11
45
HT150
50件

(a)

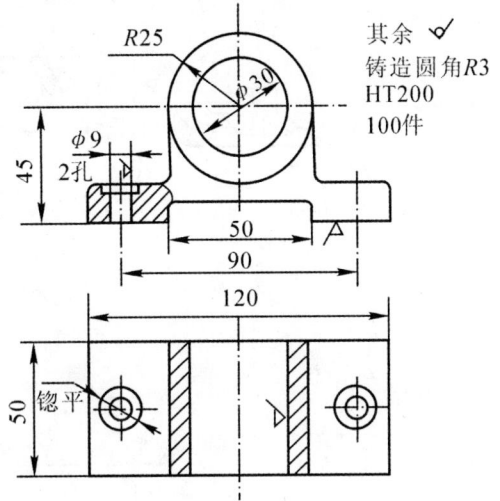

$R25$
$\phi 30$

其余 ✓
铸造圆角$R3$
HT200
100件

45
$\phi 9$
2孔
50
90
120
50
锪平

(b)

图 2-3 铸造工艺分析

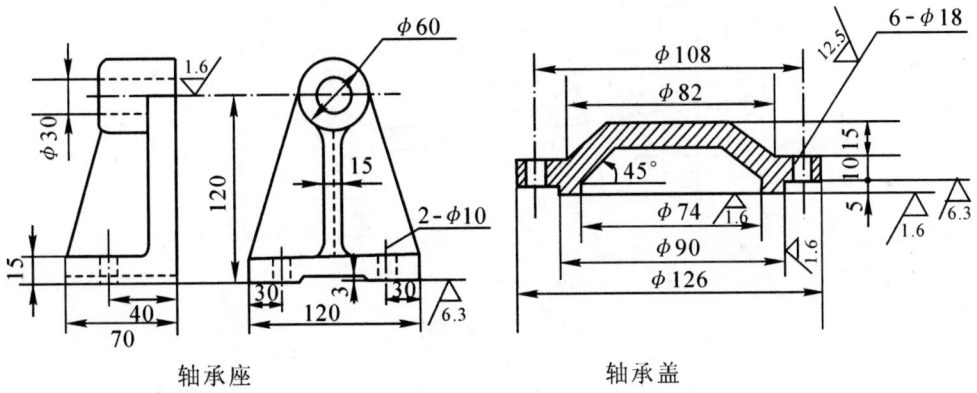

$\phi 60$
1.6
$\phi 30$
120
15
15
2-$\phi 10$
30
3
30
40
70
120
6.3

轴承座

$\phi 108$
$\phi 82$
6-$\phi 18$
12.5
10 15
5
45°
1.6
$\phi 74$
1.6
$\phi 90$
6.3
$\phi 126$

轴承盖

图 2-4 轴承座和轴承盖

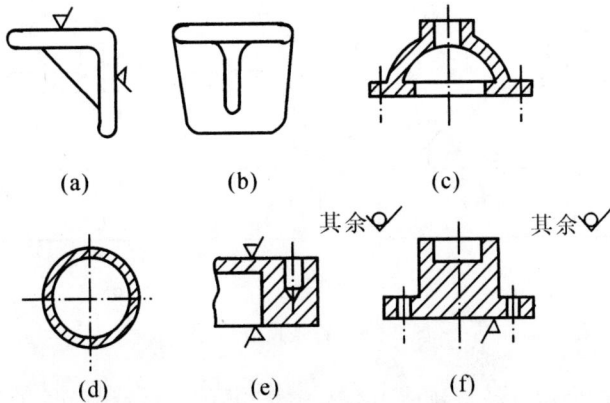

(a)   (b)   (c)

其余 ✓   其余 ✓

(d)   (e)   (f)

图 2-5 铸件结构分析

(a)(b)托架 (c)端盖 (d)空心球 (e)底座 (f)支座

— 19 —

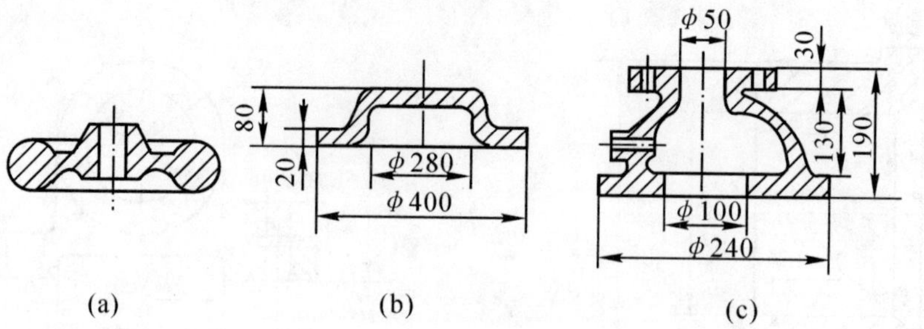

(a)　(b)　(c)

图 2-6　造型方法选择

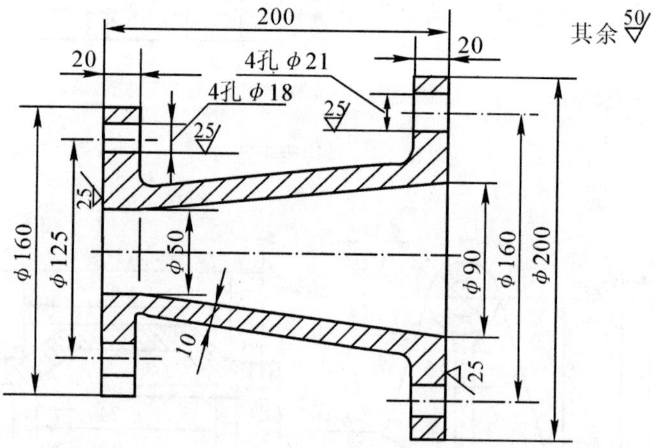

图 2-7　支撑台

8. 某厂铸造一个铸铁顶盖，有如图 2-8(a)(b)所示两种设计方案，哪种方案的结构工艺性好？试述理由。

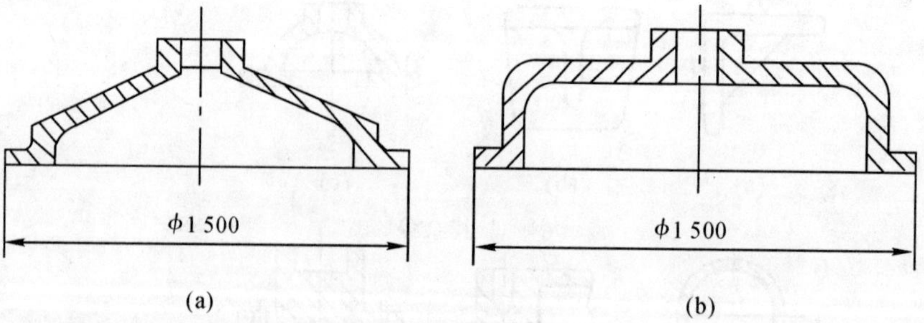

(a)　(b)

图 2-8　铸铁顶盖

9. 分析如图 2-9 所示铸件轨道热应力分布情况，并用虚线表示出铸件轨道的变形方向。

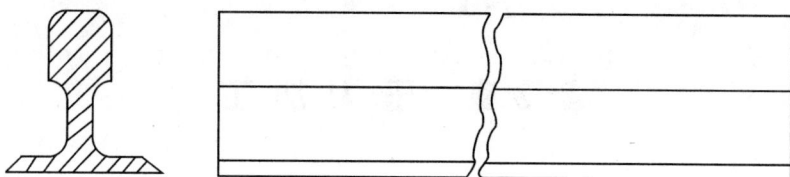

图 2-9　铸件轨道

六、思考题

1. 尺寸为 800 mm×800 mm×30 mm 的铸铁钳工平板采用砂型铸造,铸后立即安排机械加工,但使用了一段时间后出现翘曲变形。请问:

(1) 该铸件壁厚均匀,为什么会发生变形? 分析原因。

(2) 如何改进平板结构设计,防止铸件变形?

2. 铸铁是近代工业生产中应用最为广泛的一种铸造合金。请问:

(1) 根据石墨形态特征,铸铁有哪些类型?

(2) 各种铸铁的铸造工艺特点是什么?

(3) "灰口铸铁件壁厚越大,强度越高"的说法,为什么不对?

3. 特种铸造有着不同于砂型铸造的工艺特点。请问:

(1) 常见的特种铸造方法都有哪些? 为什么特种铸造还不能广泛取代砂型铸造?

(2) 各种特种铸造的生产工艺过程和工艺的优缺点是什么?

(3) 金属型铸造为何能改善铸件的机械性能? 灰口铸铁件用金属型铸造时,可能遇到哪些问题?

4. 压力铸造、反压铸造和挤压铸造都是液态金属或半固态金属在一定压力下成形的工艺方法。请问:

(1) 它们各自的成形原理和特点是什么?

(2) 为什么一般压力铸造生产的铸件不安排机械加工,不进行热处理直接使用?

七、综合思考题

近年来,国内外在铸钢方面取得了快速发展,很多新型钢种和新型冶炼技术不断出现,铸造的技术水平也在不断提高。大型铸钢件是铸件的一种,大型铸钢件缺陷的形成与铸件设计、型砂(包括涂料)、炼钢、造型、精整、补焊及热处理过程有关。在这些过程中如果控制不当就会形成缺陷,有的缺陷可由多种原因造成。要消除或减少缺陷必须综合控制才能取得良好的效果。目前,某些缺陷尚难完全避免。当铸造内应力超过金属材料的抗拉强度时,铸件便会产生裂纹。裂纹是严重的铸件缺陷,必须设法防止。热裂是铸件裂纹产生的常见形式,试通过所学知识分析,如何合理控制大型铸钢件的铸造加工工艺从而有效阻止热裂的产生。(注:热裂是在凝固后期,由于高温下金属的强度很低,当金属产生较大的线收缩并受到铸型或型芯的阻碍,其机械应力超过该温度下金属的抗拉强度,从而产生的裂纹。其形状特征为尺寸较短,缝隙较宽,形状曲折,缝内呈现严重的氧化色。)

第3章 压力加工

本章重点

压力加工是使金属坯料在外力作用下产生塑性变形,从而获得具有一定形状、尺寸和性能的毛坯的加工方法。压力加工的主要方法有轧制、挤压、拉拔、自由锻造、模型锻造和板料冲压等。压力加工时,必须对金属施加外力,使之产生塑性变形。本章重点内容为压力加工的基本理论,自由锻造、模型锻造和板料冲压的实质、特点与应用。通过本章的学习,应能够根据零件或毛坯的形状、尺寸、质量要求和批量选择合理的压力加工方法。

一、压力加工基本理论

重点介绍压力加工的基础理论知识,对理解该工艺的实质及工艺拟订有指导意义。要求掌握金属纤维组织与力学性能的关系及设计准则、金属锻造性能的实质及其影响因素。

二、常用锻造方法

重点介绍常用锻造方法的分类、特点和应用。要求掌握自由锻工序选择、模膛的功用及选择、分模面的选择。对锻造设备的分类及应用作一般了解。

三、板料冲压

重点介绍板料冲压的基本工序、特点及应用。对模具设计及零件设计作一般了解。

四、现代塑性加工技术与发展趋势

对现代塑性加工技术与发展趋势作一般了解。

习　　题

一、填空题

1.平砧拔长高合金钢时,常在坯料心部出现_____现象,采用_____砧拔长可以避免此现象。这是因为_____

_____。

2.对于无相变金属材料通常采用_____方法而不是_____来细化晶粒、改善性能,这是因为_____

_____。

— 22 —

3.板料弯曲结束后,其弯曲角度会略有增大,这种现象称为_____现象。通过采用_____措施可以避免或减少_____现象。

4.压力加工的基本生产方式有_____,对于大型重要件,例如大型发电机主轴毛坯常采用_____方法来生产。

5.用 $\phi6.3$ mm 的 Q235 线材制成 $\phi2$ mm 的钢丝,应进行多次_____,为使其顺利进行,应进行_____。

6.锻造温度范围是指_____温度与_____温度之差。后者过低时,易产生_____现象。

7.金属的可锻性与_____和_____有关,_____愈好,_____愈小,金属的可锻性愈好。

8.锻造时金属加热的目的是_____,但加热温度过高时,易产生_____和_____两种加热缺陷。

9.锻造比的大小影响金属的_____性能和_____,_____锻造比有利于改善金属的_____与_____,但锻造比_____也无益。

10.在锻造生产中,金属的变形程度通常以_____表示。

11.随着金属冷变形程度的增加,材料的强度和硬度_____,塑性和韧性_____,使金属的可锻性_____。

12.影响合金锻造性能的内因有_____和_____两方面,外因包括_____、_____和_____。

13.自由锻造某些盘类零件(如汽轮机叶轮)时,常在两镦粗工序之间加入一拔长工序,其目的是为了_____。

14.绘制模锻件图时,应考虑_____、_____和_____等主要问题。

15.设计模锻件时,其内斜度应_____外斜度。

16.常用模锻设备有_____、_____、_____和_____等,当锻造侧面带有凸台或凹槽的锻件时,应选用_____设备。

17.板料弯曲时,应使弯曲件的毛刺区位于_____侧。

18.金属塑性变形过程的实质是_____过程,随着变形程度增加,位错数量_____,塑性变形抗力_____。

19.冲压模具一般分为_____模、_____模和_____模,其中在模具的同一位置上同时可以完成两道以上工序的模具称为_____模。

20.超塑性是指_____,常用的超塑成形工艺有_____、_____、_____和_____等。

21.高能率成形方法主要有_____成形、_____成形和_____成形。

22.锻模模膛通常分为①_____模膛和②_____模膛,其中①又可分为_____模膛、_____模膛、_____模膛和_____模膛;②又可分为_____模膛和_____模膛。

23.如图3-1所示钢制拖钩,可以采用铸造、锻造和板料切割的方法制造,其中采用_____方法制成的拖钩拖重能力最大。这是因为_____

_____

_____

_____

_____

_____。

图3-1 钢制拖钩

24.填表3-1锻造生产方法特点定性比较(在适当的空格内打"√")。

表3-1 锻造生产方法特点定性比较

锻造方法	设备名称		生产批量			锻件类型		锻件质量(精度)		
	自由锻造	模型锻造	单件小批量	中小批量	大批量	大中小型均可	中小型	较低	较高	高
自由锻造										
模型锻造										
胎模锻造										

二、判断题(在正确的题后打"√",在错误的题后打"×")

1.金属塑性变形过程遵循体积不变定律。　　　　　　　　　　（　　）

2.塑性是金属一种固有的属性,它不随压力加工方式的变化而变化。（　　）

3.金属的晶粒越细,其锻造性能越好。　　　　　　　　　　（　　）

4.冲裁模间隙越小,则冲裁件的毛刺越小,其精度越高。　　（　　）

5.为了改善金属的锻造性能,其加热温度一般应选取在固相线温度以下150～200℃。　　　　　　　　　　　　　　　　　　　（　　）

6.锻造比越大,金属的变形程度越大,锻件质量越好。　　　（　　）

7.自由锻造是生产重型、大型锻件的唯一方法。　　　　　　（　　）

8.锻锤的吨位是指其所能产生的最大压力。　　　　　　　　（　　）

9. 胎模锻造一般只适宜于回转体零件的制坯。　　　　　　　　　　　　　　　（　　）

10. 在蒸汽-空气锤上模锻时,无法锻出通孔锻件,因而,必须留有冲孔连皮,待锻后冲去。
　　　　　　　　　　　　　　　　　　　　　　　　　　　　　　　　　　　（　　）

11. 为了简化锻件形状,自由锻件一般均需添加余块。　　　　　　　　　　　　（　　）

12. 为了便于顺利取出锻件,在垂直于锤击方向的模锻件侧面,一般应设置模锻斜度。
　　　　　　　　　　　　　　　　　　　　　　　　　　　　　　　　　　　（　　）

13. 锻造耐热合金和镁合金时,应选用曲柄压力机上模锻,而不选用锤上模锻。　（　　）

14. 为了提高材料的利用率,生产中落料件排样方式常采用无接边排样。　　　　（　　）

15. 采用强力压边精冲法可以得到精密冲裁件。　　　　　　　　　　　　　　　（　　）

16. 弯曲件落料时,应尽可能使弯曲线与板料纤维方向垂直。　　　　　　　　　（　　）

17. 拉深时,当筒形件直径 d 与坯料直径 D 相差较大时,应采用多次拉深。　　（　　）

18. 在平锻机上模锻时,可以锻出具有两个分模面的锻件。　　　　　　　　　　（　　）

19. 在摩擦压力机上模锻时,一般只能进行单模膛模锻。　　　　　　　　　　　（　　）

20. 板料弯曲时,其回弹角的大小与材料的弹性、板厚及弯曲半径有关。　　　　（　　）

21. 某批锻件由于纤维组织分布不合理而不能使用,若对这批锻件进行热处理,可以使锻件重新得到应用。　　　　　　　　　　　　　　　　　　　　　　　　　　（　　）

22. 合金钢及铜、铝合金塑性较差,为提高其塑性变形能力,可采用降低变形速度或在三向压应力下变形等措施。　　　　　　　　　　　　　　　　　　　　　　　　　（　　）

23. 胎模锻是在模锻设备上采用胎模进行锻造的压力加工方法。　　　　　　　（　　）

24. 自由锻冲孔前,一般先进行镦粗,以减小冲孔高度并使冲孔面平整。　　　（　　）

25. 终锻模膛与预锻模膛形状相似,但前者无飞边槽。　　　　　　　　　　　　（　　）

26. 非合金钢中碳的质量分数愈小,可锻性愈差。　　　　　　　　　　　　　　（　　）

27. 落料和冲孔都属于冲裁,只是两者的工序目的不同。　　　　　　　　　　　（　　）

28. 零件工作时的切应力应与锻造流线方向一致。　　　　　　　　　　　　　　（　　）

29. 常温下进行的变形为冷变形,加热之后进行的变形为热变形。　　　　　　　（　　）

30. 汽车、仪表、电器及日用品的外壳生产主要采用薄板的冲压成形。　　　　　（　　）

三、选择题

1. 某种合金的塑性较低,但需采用压力加工方法提高其性能,应选用(　　)方法成形。
　　A. 轧制　　　　　　　B. 拉拔　　　　　　　C. 挤压　　　　　　　D. 自由锻造

2. 镦粗、拔长、冲孔、弯曲、错移均属于(　　)。
　　A. 精整工序　　　　　B. 辅助工序　　　　　C. 基本工序　　　　　D. 无法分类

3. 用下列方法生产钢齿轮时,(　　)方法生产的齿轮性能最好。
　　A. 精密铸造齿轮　　　　　　　　　　　B. 厚板切削齿轮
　　C. 圆钢直接加工成齿轮　　　　　　　　D. 圆钢镦粗后加工成齿轮

4. 锻造铜合金及低塑性合金钢时,一般应选用(　　)设备进行锻造。
　　A. 平锻机　　　　　　B. 自由锻锤　　　　　C. 摩擦压力机　　　　D. 模锻锤

5. 具有顶出锻件装置的模锻设备有(　　)。
　　A. 平锻机　　　　　　　　　　　　　　B. 曲柄压力机

　　　C. 摩擦压力机　　　　　　　　　　　　D. 曲柄压力机及摩擦压力机

6. 锤上模锻时,能使坯料某一部分截面减小而使另一部分截面增大的模膛是(　　)。

　　A. 拔长模膛　　　　B. 滚压模膛　　　　C. 切断模膛　　　　D. 弯曲模膛

7. 大批量生产小型圆筒形拉深件时,应选用(　　)。

　　A. 简单模　　　　　B. 连续模　　　　　C. 复合模　　　　　D. 三者均可

8. 锻造圆柱齿轮坯 100 件,为提高生产率,拟采用胎模锻,应选用的胎模是(　　)。

　　A. 筒模　　　　　　B. 合模　　　　　　C. 扣模　　　　　　D. 三者均可

9. 设计和制造零件时,应使其工作时的最大正应力与锻件的纤维方向(　　)。

　　A. 呈 45°角　　　　B. 垂直　　　　　　C. 平行　　　　　　D. 垂直或平行均可

10. 对同一种金属进行下列方式成形,其中采用(　　)方式时变形抗力最大。

　　A. 自由锻造　　　　B. 轧制　　　　　　C. 拉拔　　　　　　D. 挤压

11. 在压力加工过程中,为改善坯料塑性时,下列(　　)情况最好。

　　A. 坯料三向受压　　　　　　　　　　　B. 坯料两向受压

　　C. 坯料三向受拉　　　　　　　　　　　D. 坯料两向受拉

12. 平砧镦粗时,坯料的高(H_0)径(D_0)比应符合镦粗规则,即(　　)。

　　A. $1.25 \leqslant H_0/D_0 \leqslant 2.5$　　　　　　　　B. $1.25 \leqslant H_0/D_0 \leqslant 2.25$

　　C. $1.2 \leqslant H_0/D_0 \leqslant 2.5$　　　　　　　　D. $1.5 \leqslant H_0/D_0 \leqslant 2.5$

13. 设计落料模具时,应使(　　)。

　　A. 凸模刃口尺寸等于落料件尺寸

　　B. 凹模刃口尺寸等于落料件尺寸

　　C. 凸模刃口尺寸等于落料件尺寸加上模具间隙

　　D. 凹模刃口尺寸等于落料件尺寸加上模具间隙

14. 绘制自由锻件图时应考虑的因素有(　　)。

　　A. 敷料　　　　　　B. 加工余量　　　　C. 锻造公差　　　　D. 前三者

15. 对于常规条件下难以成形的金属材料,常采用(　　)方法成形。

　　A. 自由锻造　　　　B. 模型锻造　　　　C. 胎模锻造　　　　D. 超塑成形

16. 在相同的轧制条件下,轧辊的直径越小,轧制压力越(　　)。

　　A. 小　　　　　　　B. 大　　　　　　　C. 一样大　　　　　D. 不确定

17. 圆截面坯料拔长时,要先将坯料锻成(　　)。

　　A. 圆形　　　　　　B. 八角形　　　　　C. 方形　　　　　　D. 圆锥形

18. 镦粗时,坯料端面应平整并与轴线(　　)。

　　A. 垂直　　　　　　B. 平行　　　　　　C. 可歪斜　　　　　D. 以上都不正确

19. 为改善冷变形金属塑性变形的能力,可采用(　　)。

　　A. 低温退火　　　　B. 再结晶退火　　　C. 二次再结晶退火　　D. 变质处理

四、简答题

1. 能否消除压力加工后的纤维组织?采用何种方法可以改变纤维方向?

2. 终锻模膛中设计飞边槽的作用是什么？

3. 塑性差的金属材料进行锻造时应注意什么问题？

4. 如何确定始锻温度和终锻温度？

5. 批量生产如图 3-2 所示零件,应选用何种加工方法、加工设备和模具？

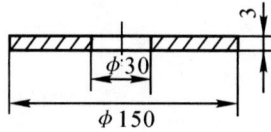

图 3-2 零件(一)

加工方法：_____

加工设备：_____

模具：_____

6. 定性绘制如图 3-3 所示零件的锻件图,并选择自由锻造工序,绘出工序简图,填入表3-2中。

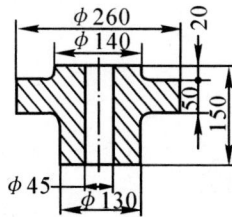

图 3-3 零件(二)

零件名称：阶梯轴(全部 $Ra1.6$)

坯料尺寸：ϕ180 mm×200 mm

材料：45 钢

生产批量：10 件

表 3 - 2　零件(二)自由锻造工序及工序简图

序号	工序名称	工序简图

7. 在如图 3 - 4 所示零件上定性绘制自由锻件图,并选择自由锻造工序。

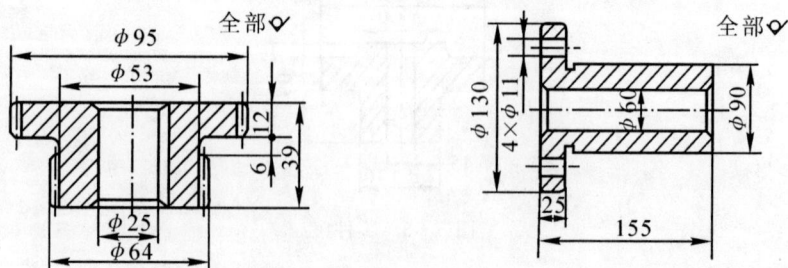

图 3 - 4　零件(三)

8. 请指出如图 3 - 5~图 3 - 7 所示零件的结构有何缺点,并加以改进。

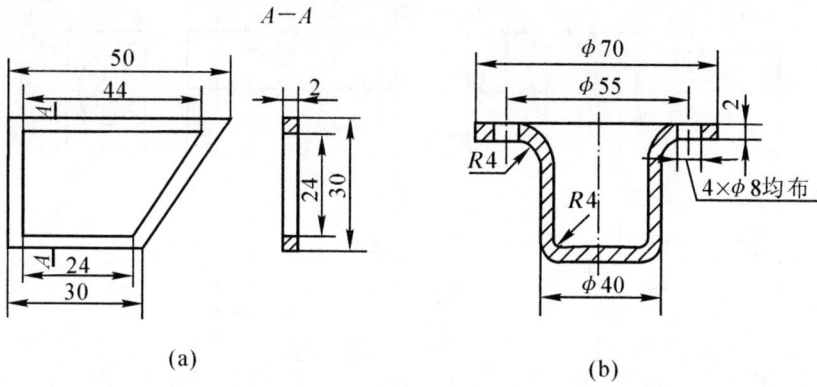

图 3-5 板料冲压件

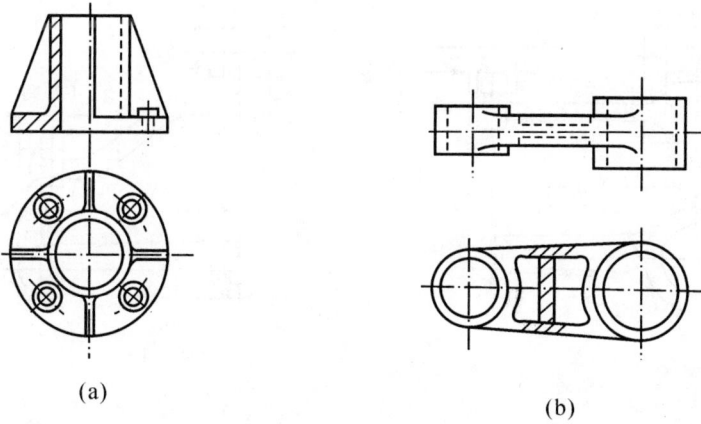

图 3-6 自由锻件

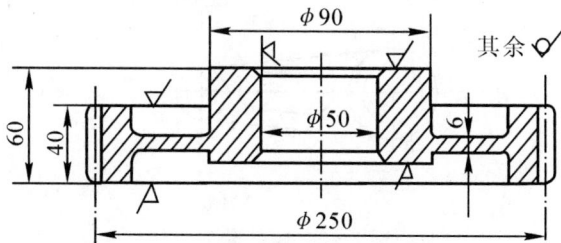

图 3-7 模锻件

9. 图 3-8 是自由锻件的两种结构,哪一个更合理? 为什么?

(a)

(b)

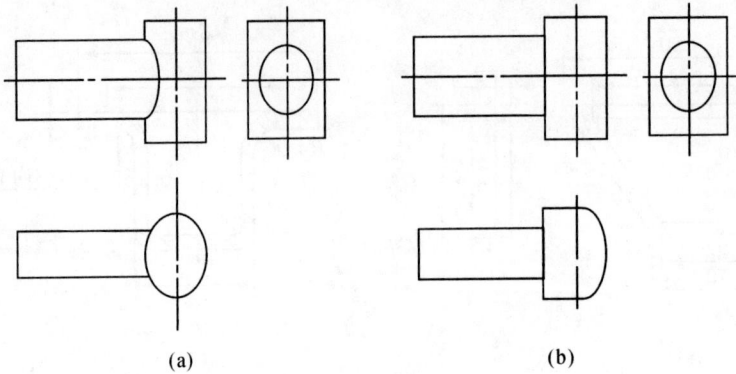

图 3-8 自由锻件

10. 图 3-9 的零件采用锤上模锻制造,请选择最合适的分模面位置。

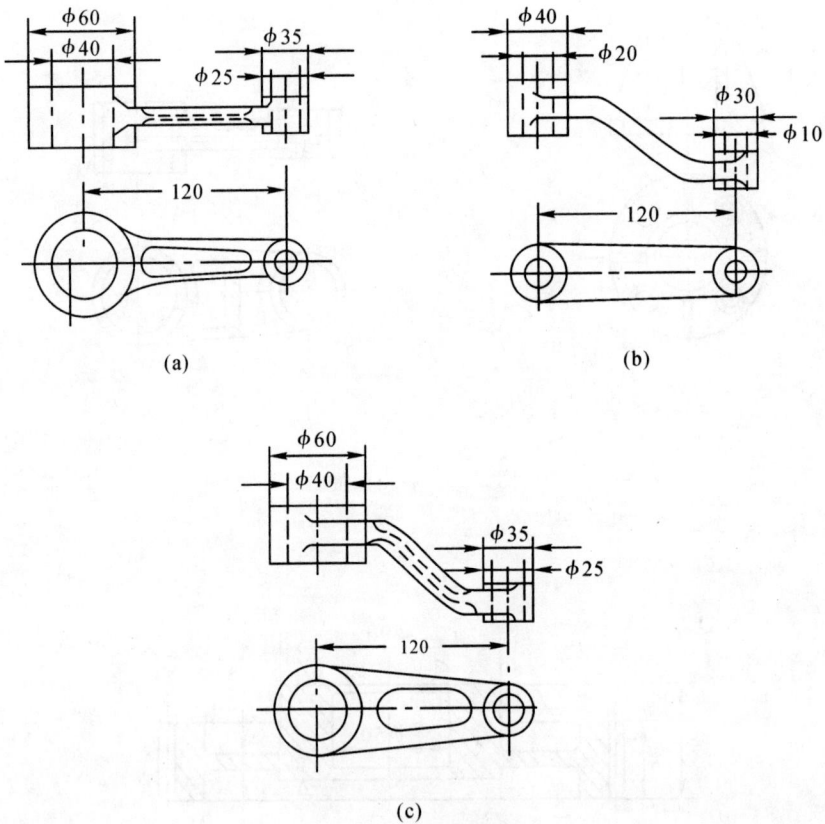

(a)

(b)

(c)

图 3-9 模锻零件

五、思考题

1. 为什么弹簧钢丝一般都采用冷拉冷卷成形?在拉制过程中,为什么被拉过模孔而截面已缩小的钢丝,其截面不再缩小,也不会被拉断?

2. 板料拉深时,如何防止工件拉裂和边缘起皱?

3. 选取锻造温度范围的主要依据是什么？亚共析钢和过共析钢的终锻温度为什么均选取在两相区？

4. 超塑性成形与普通塑性成形有何区别？常用超塑性成形方法有哪些？

5. 何谓半固态金属成形？与普通成形方法相比有何优点？

6. 举例说明高能率成形与普通成形方法的区别？

六、综合思考题

随着汽车工业的迅速发展，未来汽车车身覆盖件（见图 3 - 10）及覆盖件模具制造领域将通过技术革新来实现冲压成形工艺的合理设计，以此减少模具调试的工作量，缩短生产周期，降低工人的劳动强度，提高企业生产效能，降低生产成本，因此，研究车身覆盖件成形技术有着十分重要的现实意义。

研究人员通过实际生产和理论研究发现，车身覆盖件冲压成形性能的好坏主要包括以下两个方面。首先是成形极限，即能达到的车身覆盖件最大程度的变形度（冲压成形过程中的最大变形量）。而影响成形极限的因素主要是车身覆盖件材料本身的变形系数以及在冲压过程中的工艺。如果要提高车身覆盖件的成形极限能力，则必须提高材料的塑性变形能力，增强抗拉、抗压强度。其次是成形质量。车身覆盖件表面特征在于冲压件质量，其质量主要包括两个方面：一是车身覆盖件的冲压成形尺寸形状精度、厚度变化以及表面粗糙度等，二是车身覆盖件冲压成形后材料本身的物理性能和机械性能。

结合相关理论研究，试分析未来汽车车身覆盖件及覆盖件模具制造领域应如何通过控制成形工艺参数来提高冲压成形工艺设计的合理性。

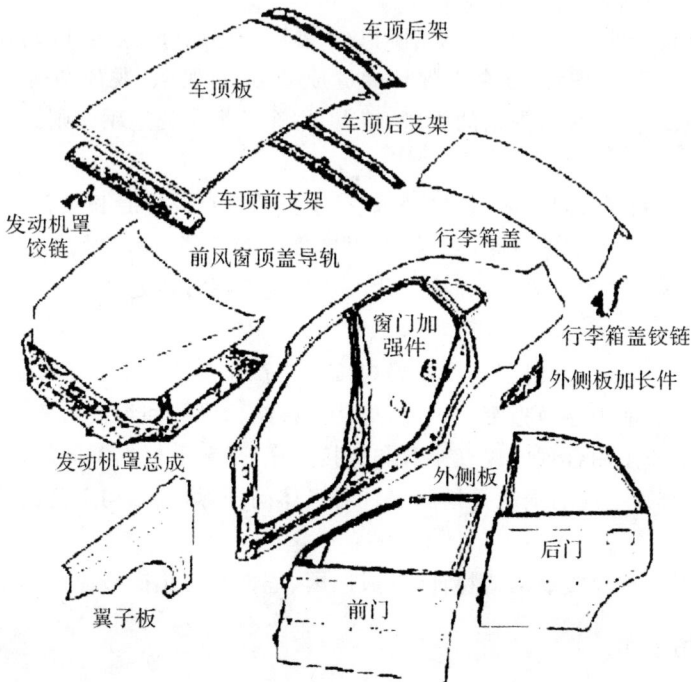

图 3 - 10 汽车车身覆盖件

第4章 焊 接

本 章 重 点

本章重点是焊接的物理本质及分类,手工电弧焊接过程、物理冶金过程特点,熔化焊接头的组织与性能,电焊条的组成及作用,焊接质量,不同焊接工艺的特点、应用,材料的焊接性,焊接结构的工艺性。

一、焊接的物理本质及分类

焊接是现代工业生产中广泛应用的一种永久性连接金属的工艺方法,焊接的本质是使被连接件实现原子间的结合,这也是焊接与其他连接方法的最基本的区别。根据实现原子间结合途径的不同,种类繁多的焊接方法可分为熔化焊、钎焊和压力焊三大类。

二、熔化焊理论基础

本章以手工电弧焊为重点对熔化焊接过程、物理冶金过程的特点、焊接接头的组织与性能、焊接缺陷的产生原因等进行了分析。

1. 焊接过程、物理冶金过程的特点

焊接物理冶金过程的主要特点是熔池体积小、温度高、存在时间短,因此,在焊接过程中必须对焊接区进行有效的保护,渗合金以保证焊缝成分,进行脱氧、脱硫和磷以保证焊接质量。熟悉电焊条的组成及作用,了解焊条的类型、特点、用途及焊条的选用原则。

2. 焊接接头的组织

焊接接头由焊缝和焊接热影响区组成。焊接本身的特点及焊缝和热影响区温度分布不均匀,导致焊接接头组织与性能的变化。为提高焊接接头的性能,应尽量减小热影响区的宽度,其实现途径是选择合适的焊接方法、焊接工艺以及相应的焊后热处理。

3. 焊接接头质量

不均匀的焊接加热和冷却过程还将使得焊接结构产生应力,因而造成构件的变形或产生裂纹,降低构件的承载能力甚至报废。因此,应从焊接结构设计和焊接工艺两方面来减小焊接应力与变形,设计上应采用合理的焊缝布置和焊接顺序,工艺上根据不同的材料选用相应的焊前预热、焊后保温、焊后去应力退火等措施。针对具体问题,焊接结构工艺设计时,力求做到结构合理,工艺简便。

学习本章后,对各种焊接缺陷的特征、形成原因、危害及防止措施应有基本的了解。

三、其他焊接方法

除了手工电弧焊外,常用的焊接方法还有气体保护电弧焊、埋弧自动焊、钎焊、电阻焊、摩擦焊、扩散焊、超声波焊以及电子束焊、等离子弧焊、激光焊等高能焊接方法,其原理、工艺特点和应用范围均有所不同。实际生产中应根据各种焊接方法的特点和结构制造要求,合理地选用焊接方法。

四、材料的焊接性

焊接性包括两方面的内容:一是结合性能,即一定金属在给定的焊接工艺条件下,产生焊接缺陷的敏感性;二是焊接接头在使用中的可靠性。不同的材料具有不同的焊接性,焊接时容易出现的质量问题也不同;即使是同一种材料,采用不同的焊接方法,所表现出的焊接性也不相同。手工电弧焊时,铝合金的焊接性较差,改用氩弧焊或等离子弧焊时,铝合金呈现良好的焊接性。钢铁材料中,随着钢中含碳量或合金元素的增加,其焊接性变差。因此,对于常用金属材料,应对其焊接性、适用的焊接方法、焊接材料和焊接工艺特点等有基本的了解。

习　　题

一、填空题

1. 焊接与其他连接方法的本质区别在于:通过加热或加压,在热或力的作用下,借助于_____,从而使被连接金属实现_____的结合。

2. 将焊件接头加热至熔化状态,不需加压即可完成焊接的方法称为_____。

3. 焊接时必须对焊件施加压力,以完成焊接的方法称为_____。

4. 电弧焊是一种利用_____作为焊接热源的熔焊方法,分为_____电弧焊、_____电弧焊和_____电弧焊三种。

5. 焊接电弧是电极与工件之间_____现象。

6. 焊接电弧由_____区、_____区和_____区组成,温度最高的是_____区。

7. 采用直流电源焊接时,正接法是_____正极,_____负极,采用正接法焊接时_____较高;焊接薄板时,应采用_____接法。

8. 焊条由_____和_____组成。焊条芯的作用是_____和_____金属;焊条药皮的作用是_____。

9. 焊条选用原则有_____、_____、_____、_____、_____等。

10. 根据药皮熔化后所形成熔渣中酸性氧化物和碱性氧化物的多少,结构钢焊条分为_____焊条和_____焊条。由于碱性熔渣对金属的氧化作用弱,且脱硫、磷能力较强,因此焊缝金属的_____和_____性能好。

11. 焊条牌号"结507"的含义为:焊缝最低抗拉强度为_____MPa,焊条药皮类型为_____,焊接时采用_____电源。

12. 焊接接头由_____和_____两部分组成。熔焊时,焊缝的组织为_____。

13. 低碳钢熔焊时,焊接热影响区分为_____、_____、_____和_____四个小区,其中,力学性能最好的是_____。

14. 电阻焊一般有三种形式,分别为_____、_____和_____。

15. 焊接应力形成的主要原因是_____;焊件冷却后,焊缝及近缝区受_____应力,远离焊缝区受_____应力。

16. 熔焊时,当刚焊完的焊缝尚处于较高温度时,用榔头沿焊缝进行敲击可以_____。

17. 焊接变形的基本形式有_____、_____、_____、_____和_____。

18. 手工电弧焊的接头形式可分为_____接头、_____接头、_____接头及_____接头。

19. 根据焊缝在空间所处的位置不同,焊接位置分为_____、_____、_____和_____。

20. 电弧在颗粒状焊剂层下燃烧的自动电弧焊接方法称为_____。

21. 氩弧焊是一种以_____作为保护气体的_____。根据所用电极不同,氩弧焊分为_____和_____。

22. 金属材料焊接性是指不同金属材料在相同焊接条件下,获得_____的难易程度。焊接性包括_____和_____两方面的内容。

23. 铸铁件的焊补方法通常采用_____和_____,要求不高时也可采用_____。按照焊前工件是否预热可将其分为_____和_____。

24. 与一般冶炼过程不同,焊接过程中的冶金反应的特点是熔池体积_____、熔池存在时间_____,熔池中液态金属温度_____,合金元素_____。

25. 手工电弧焊时,保持焊接电弧的稳定是十分重要的,所以弧焊电源应该具有_____外特性曲线。

26. 摩擦焊是利用工件_____作为热源,将工件加热到塑性状态并加压进行焊接的一种_____工艺。

27. 钎焊的种类很多,根据钎料的熔点不同,可将钎焊分为_____和_____,软钎料的熔点不超过_____℃;焊后接头的强度较_____。

28. 铸铁的焊接性很差,主要问题是_____、_____和_____。

29. 利用可燃气体与助燃气体混合燃烧所放出的热量作为热源,熔化金属材料,从而进行焊接或切割的方法称为＿＿＿＿＿＿＿或＿＿＿＿＿＿＿。

30.根据氧气与乙炔气体的混合比不同,气焊火焰分为＿＿＿＿＿＿＿＿、＿＿＿＿＿＿＿和＿＿＿＿＿＿＿＿;当氧气与乙炔气体的混合比大于 1.2 时,为＿＿＿＿＿＿＿＿＿。

31.利用等离子弧作为热源进行熔化焊接的方法称为＿＿＿＿＿＿＿＿＿,焊接时所用的保护气体为＿＿＿＿＿＿＿＿。

32.电子束焊是利用加速和聚焦的＿＿＿＿＿＿轰击焊件表面所产生的热能进行焊接的一种＿＿＿＿＿＿焊方法。

二、判断题（在正确的题后打“√”,在错误的题后打“×”）

1. 根据实现原子间结合途径的不同,焊接方法通常分为熔化焊、压力焊和钎焊三大类。
（　　）

2. E5015 属于碱性焊条。（　　）

3.熔化焊时,由于焊接熔池体积小,结晶速度极快,故焊缝的化学成分很均匀。（　　）

4.采用直流电源焊接时有正接法和反接法之分;采用交流电源焊接时也应该注意焊件与焊条所接的电源极性,否则将影响工件的加热温度。（　　）

5.由于焊接冶金过程的特点,为保证焊接质量,焊接时必须对焊接区进行有效的保护。
（　　）

6.酸性焊条具有良好的焊接工艺性能,如稳弧性好、脱渣性强、焊接时飞溅小、焊缝成形美观等,故高强钢的焊接应采用酸性焊条。（　　）

7.焊条药皮不仅具有稳弧和保护作用,还可以向焊缝中渗合金。（　　）

8.由于焊接熔池体积小,冷却速度快,过冷度大,凝固后得到细晶组织,所以熔化焊时,焊缝金属都具有很高的强度。（　　）

9.与手工电弧焊相比,埋弧自动焊的保护效果好,由自动小车自动完成焊接全过程。因此,埋弧自动焊可以进行全位置焊接。（　　）

10. 在保证焊接质量的前提下,为提高焊接生产率,手弧焊时应尽可能地选用较大的焊接电流。（　　）

11. 电弧电压是由电弧长度决定的。电弧越长,电弧电压越低。（　　）

12.采用电渣焊方法焊接厚板时,接头冷却速度慢,焊接应力小。（　　）

13.CO_2 是一种氧化性气体,对焊缝金属有很强的氧化作用,因此,CO_2 不能用作保护气体。（　　）

14.采用气体保护焊方法进行焊接时,气体的作用与手工电弧焊时焊条药皮的作用完全相同。（　　）

15.摩擦焊是一种固态焊接技术,焊接接头不产生与熔化和凝固冶金有关的焊接缺陷和焊接脆化现象。（　　）

16.摩擦焊工艺可以焊接同种金属,也可以焊接异种金属,其接头形式可以是等断面,也可以是非等断面,但需有一个焊件为圆形截面。（　　）

17.增加焊接结构的刚性,可以有效地减少焊接变形。（　　）

18.电阻点焊时的分流现象将使焊接处电流减小,影响焊接质量,因此两焊点之间应有足

够的距离。　　　　　　　　　　　　　　　　　　　　　　　　　　（　　）

19. 激光焊的能量集中,温度高,热影响区小,焊接效率高,故激光焊适于焊接厚度较大的工件和钨、钼等高熔点的材料。　　　　　　　　　　　　　　　　　（　　）

20. 等离子弧能量密度大,弧柱温度高,穿透能力强,特别适于焊接钨、钼、镍、钛及不锈钢等难熔、易氧化、热敏感性强的材料。　　　　　　　　　　　　　　（　　）

21. 电子束焊接工艺参数调节范围广,适应性强,焊件厚度为 $0.1\sim300$ mm;不锈钢、有色金属、难熔金属及异种金属均可采用电子束焊接方法。　　　　　　（　　）

22. 钢中合金元素含量越多,其焊接性越好。　　　　　　　　　　　　　　（　　）

23. 焊缝的强度可以达到与母材等强,甚至超过母材,所以应将焊缝设在结构受力最大处。
　　　　　　　　　　　　　　　　　　　　　　　　　　　　　　　（　　）

24. 由于中碳钢和高碳钢的含碳量高,焊缝金属的热裂倾向较大,焊前必须预热。（　　）

25. 电阻点焊时,无论两个焊件的板厚是否相同,所用电极工作表面的直径都是一样的。
　　　　　　　　　　　　　　　　　　　　　　　　　　　　　　　（　　）

三、选择题

1. 焊接与其他连接方法的本质区别是(　　)。
　　A. 所采用的热源不同　　　　　　　　B. 使被连接件之间形成原子间的结合
　　C. 所用压力不同　　　　　　　　　　D. 只能连接金属材料

2. 扩散焊是属于(　　)。
　　A. 熔焊方法　　　　　B. 压焊方法　　　　　C. 熔焊-钎焊方法　　　　D. 液相过渡焊

3. 要求塑性好,冲击韧性高的焊缝,应该选用(　　)焊条。
　　A. 酸性　　　　　　　B. 碱性　　　　　　　C. 不锈钢　　　　　　　D. 铸铁

4. 国际焊接学会推荐的碳当量计算公式为(　　)。
　　A. $w_{CE}=w_C+w_{Mn}/6+(w_{Ni}+w_{Cu})/15+(w_{Cr}+w_{Mo}+w_V)/5$
　　B. $w_{CE}=w_C+w_{Mn}/15+(w_{Ni}+w_{Cu})/6+(w_{Cr}+w_{Mo}+w_V)/5$
　　C. $w_{CE}=w_C+w_{Mn}/5+(w_{Ni}+w_{Cu})/6+(w_{Cr}+w_{Mo}+w_V)/15$
　　D. $w_{CE}=w_C+w_{Mn}/15+(w_{Ni}+w_{Cu})/5+(w_{Cr}+w_{Mo}+w_V)/6$

5. 电渣焊是一种熔化焊方法,其焊接热源是(　　)。
　　A. 焊接电弧　　　　　　　　　　　　B. 电流通过液态熔渣时所生产的电阻热
　　C. 光能　　　　　　　　　　　　　　D. 电流通过工件时所生产的电阻热

6. 焊接时加热、加压或两者并用的目的是(　　)。
　　A. 促使两个分离的焊件表面紧密接触　B. 检测焊件的性能
　　C. 使被连接件熔化　　　　　　　　　D. 便于焊接操作

7. 采用手工电弧焊方法焊接重要的焊接结构时,通常选用碱性焊条,原因是(　　)。
　　A. 焊缝成形好　　　　　　　　　　　B. 焊接电弧稳定
　　C. 焊接接头抗裂性能好　　　　　　　D. 交、直流电焊机都可以用

8. 厚度较大的焊接容器、精度和尺寸稳定性要求高的重要焊接结构焊后应进行的热处理方法是(　　)。
　　A. 去应力退火　　　B. 扩散退火　　　　C. 低温回火　　　　D. 完全退火

9.电渣焊时,因焊缝金属高温停留时间长,晶粒粗大,冲击韧性低,所以一般焊后都需进行( )。

A.正火处理　　　B.回火处理　　　C.退火处理　　　　D.淬火处理

10.CO_2 气体保护焊电弧热量集中,热影响区较小,且 CO_2 价格便宜,主要适用于焊接( )。

A.低碳钢与低合金结构钢　　　　B.高强钢

C.有色金属及其合金　　　　　　D.非金属材料

11.碱性焊条焊接的焊缝机械性能好,抗裂能力强,但碱性焊条对油污、铁锈和水分较敏感,因此使用前应将焊条( )。

A.进行热处理　　　B.烘干　　　　C.除锈处理　　　　D.除油处理

12.采用钎焊方法焊接工件时,为增加接头的强度,其接头形式应采用( )。

A.对接　　　　　B.搭接或套接　　C.丁字接头　　　　D.角接

13.采用刚性固定法可以防止变形,但将会增大焊接应力,所以只适用于( )。

A.塑性较好的金属材料　　　　　B.高碳钢结构

C.铸铁件　　　　　　　　　　　D.高合金钢结构

14.导致低碳钢焊接热影响区力学性能较差的原因是在近缝区存在( )。

A.粗大的马氏体组织　　　　　　B.粗大的过热组织

C.粗大的奥氏体组织　　　　　　D.网状渗碳体

15.点焊两块厚度不同的焊件时,在厚件一边应采用( )。

A.电阻较大的电极　　　　　　　B.电阻较小的电极

C.电容较大的电极　　　　　　　D.电阻与薄件一边相同的电极

16.下述金属材料中,焊接性较好的是( )。

A.40CrNiMo 钢　　B.30 钢　　　　C.T8 钢　　　　　D.铸铁

17.焊接性较好的结构钢的碳当量值应小于等于( )。

A.0.4%　　　　　B.0.77%　　　　C.0.6%　　　　　　D.1%

18.铸铁的焊接性很差,铸铁焊接时存在的主要问题之一是( )。

A.铸铁的导热性差易焊漏

B.铸铁中杂质含量高易产生夹杂

C.焊合区易出现硬而脆的白口组织

D.铸铁的高温强度低,易导致焊缝塌陷

19.铝合金的焊接热裂纹敏感性较大,除了合金中存在低熔点共晶外,下述( )因素也是使其有较大裂纹倾向的原因。

A.铝合金的线膨胀系数大,易产生较大的焊接应力

B.铝合金的线膨胀系数小,易产生较大的焊接应力

C.液态铝能大量溶解氢

D.铝和氧的亲和力很大,易形成氧化铝薄膜

四、简答题

1.焊接应力是如何形成的? 消除或减少焊接应力的措施有哪些? 为什么?

2.电阻焊与电渣焊有什么区别?

3.埋弧焊的特点是什么?

4.请说明焊条的组成及各部分的作用。

5.在焊接时,接头根部出现未完全焊透的现象,其原因是什么? 如何防止此类现象的发生?

6.预防焊接变形的措施有哪些?

7.中压容器的外形及基本尺寸如图 4-1 所示,材料全部选用 15MnVR(R 代表容器用钢),筒身壁厚 10 mm,接管 ϕ 80 mm×9 mm。

(1)确定焊缝位置(15MnVR 钢板长 2 000 mm,宽 1 000 mm);

(2)确定焊接方法和接头形式;

（3）确定焊缝的焊接顺序。

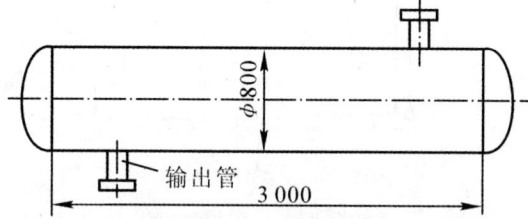

图 4-1　中压容器外形图

8.酸性焊条和碱性焊各有什么特点？为什么用碱性焊条焊接时需采用直流电源？

9.图 4-2～图 4-4 的焊接结构设计与焊缝布置是否合理？如不合理请加以改进。

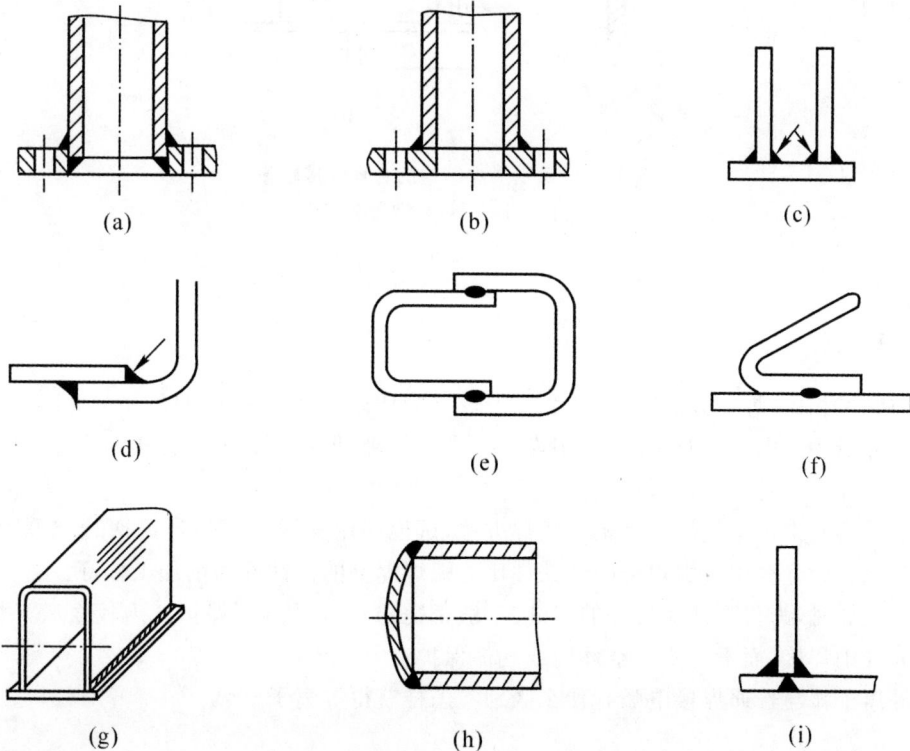

图 4-2　焊接示例

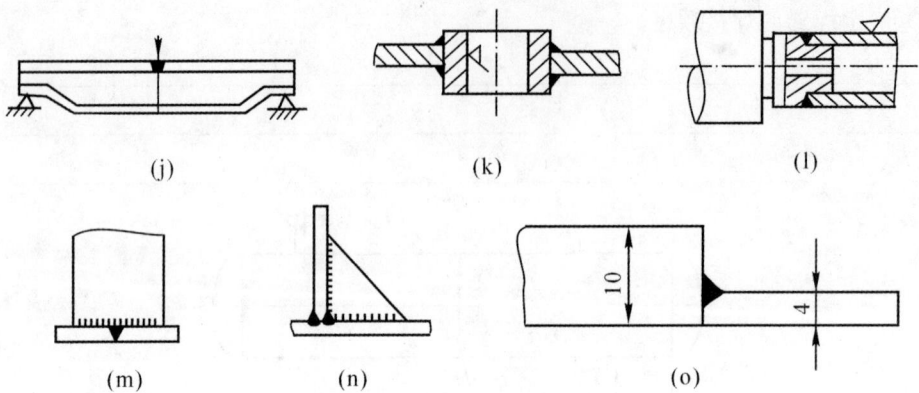

(j)　　　　　　　　　(k)　　　　　　　　　(l)

(m)　　　　　　　　　(n)　　　　　　　　　(o)

续图 4-2　焊接示例

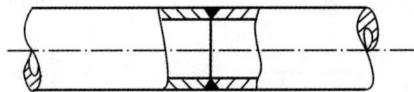

图 4-3　管子杆焊(接头强度不够)

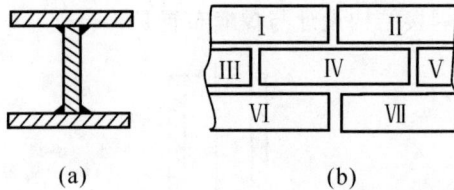

(a)　　　　　　　　　(b)

图 4-4　确定拼焊结构的合理焊接顺序
(a)焊接工字梁　(b)拼焊平板结构

五、思考题

1.与铆接相比,焊接方法有许多优点,但焊接为什么还不能取代铆接?

2.试分析手工电弧焊时,如果采用光焊芯进行焊接,焊缝区会发生怎样的冶金反应?并说明焊接时为什么要对焊缝进行保护。

3.焊补铸铁常采用气焊和手工电弧焊方法,试说明用气焊方法焊补铸铁时应采用什么样的气焊火焰?为什么用气焊焊补的铸铁件比电弧焊焊补的铸铁件切削加工性好?

4.熔化焊时,为得到性能良好的焊缝,一般都需对焊接区进行保护。为什么激光焊接时,可以在大气中焊接,而不需要真空环境或气体保护?

5.等离子弧与普通焊接电弧有什么区别?怎样获得等离子电弧?

六、综合思考题

　　发动机铝合金气缸盖(见图 4 - 5)的焊修对于汽车维修单位来说是一项难度较大的工作。发动机气缸盖产生裂纹的原因有两种:一是在铸造过程中产生延迟裂纹和夹渣,二者在残余内应力和长时间振动的双重影响下产生裂纹,这种裂纹由小到大,不易被发现,直到气缸盖出现漏水,此时裂纹已经很长了;二是在寒冷地区运行的车辆,如果添加了劣质的防冻液,在冬季达到一定的低温后,防冻液结冰,导致出现冷冻裂纹。大量的实验表明,采用非熔化钨极氩弧焊,并严格按照焊接工艺进行操作,可以修复铝合金气缸盖出现的裂纹,而且修补之后焊缝性能良好。但是,在焊接过程中却存在较多的问题需要解决,试思考:在焊接过程中可能会遇到哪些焊接难点? 该如何解决这些问题以及焊丝该如何选用? (焊接电流为 230～240 A,氩气流量为 16～20 L/min,喷嘴直径为 14～16 mm,焊丝直径为 5 mm,钨极直径为 5 mm。)

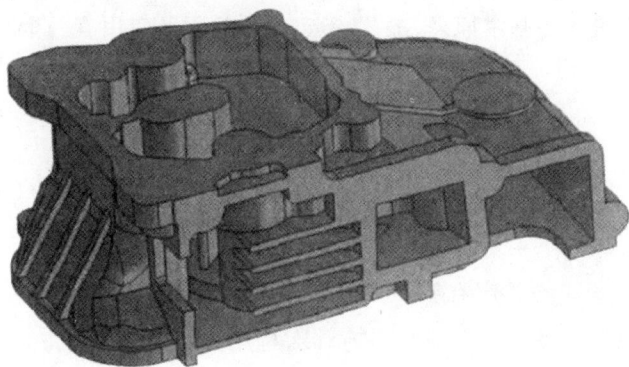

图 4 - 5　发动机铝合金气缸盖

第5章　非金属材料及复合材料成形方法简介

本 章 重 点

　　非金属材料,如塑料、陶瓷以及复合材料等,因其具有某些特殊的性能,如超高强、质量轻、耐腐蚀、耐高温和低温及良好的电气性能等,已在许多领域部分取代金属材料制造有特殊性能要求的零件。本章概要介绍了塑料、陶瓷及复合材料常用的成形方法。通过本章的学习,应对各种成形方法和常用设备的基本原理、工艺特点、工艺过程及应用有一个基本的了解。

习 题

一、思考题

1. 塑料制品的主要生产工序有哪些? 其中最重要的工序是什么?

2. 塑料制品的成形方法有哪几种? 各有什么特点?

3. 何谓挤出成形? 挤出成形的工艺过程是什么?

4. 注塑制品后处理的目的是什么? 什么是注塑制品的退火处理?

5. 什么是压延成形? 压延机滚筒的排列方式有哪几种?

6. 陶瓷制品常用的成形方法有哪些? 各有什么特点?

7. 什么是等静压成形? 等静压成形有几种?

8. 复合材料性能的决定因素有哪些?

9. 制备复合材料的通用方法是什么?

10. 常用的金属基复合材料(MMC)制备方法有哪些?

11. 喷雾共淀积法用于生产何种复合材料? 其工艺过程是什么?

12. 常用的树脂基复合材料(RMC)成形方法有哪几种?

13. 拉挤成形的基本工艺过程是什么?

14. 陶瓷基复合材料(CMC)的成形工艺有哪几种?

15. 什么是化学气相渗透工艺(CVI)? 它有何特点?

16. 碳/碳(C/C)复合材料成形工艺的基本过程是什么?

二、综合性思考题

　　碳/碳复合材料,即碳纤维增强碳基体复合材料,其组成全部为碳元素,是一种兼具功能与结构特性的新型复合材料。它综合了纤维增强复合材料优良的力学性能及碳质材料优异的高温特性,被广泛应用于航空航天领域,并逐渐在民用、医疗等领域得到推广。然而,目前制备得到的碳/碳复合材料孔隙率通常较高。研究表明,碳/碳复合材料常用的三维编织结构预制体孔隙率可达 60%,因此致密化工艺仍是目前的研究重点。请思考:目前碳/碳复合材料基本的制备工艺有哪些? 各有什么优缺点? 分析碳/碳复合材料孔隙率高的原因,并提出解决办法。

第6章 毛坯成形方法选择及结构设计

本 章 重 点

本章重点是毛坯成形方法的选择原则和常用机械零件毛坯的种类。通过本章的学习,应初步了解机械制造过程和毛坯成形方法在机械制造中的地位与作用。

一、毛坯成形方法的选择原则

选择毛坯成形方法的基本原则是使用性、经济性和可行性。首先,根据零件的使用要求合理地选择毛坯成形方法,即使同一类零件,由于使用要求不同,其毛坯的成形方法可以完全不同;其次,在满足零件使用要求的前提下,选择制造成本低的成形方法;最后,考虑所在企业的现有条件,尽可能利用已有的设备条件和技术水平生产出高质量、低成本的毛坯。在上述三条原则中,满足零件的使用要求是第一位的。

二、常用机械零件毛坯的类型

常用机械零件毛坯按其形状特征和用途不同,分为轴杆类件、盘套类件和机架-箱体类件三大类。轴杆类零件一般都是重要的受力和传动零件,通常以锻件为毛坯;结构较复杂的可采用锻-焊组合方法制坯。箱体件一般形状不规则、结构复杂,根据其结构特点和使用要求,通常以铸件为毛坯。盘套类零件在各种机械中的工作条件和使用要求不同,所用毛坯也各不相同。通过本章的学习,应掌握各种毛坯生产的特点及应用,能对典型零件合理地进行毛坯成形方法选择。

习 题

一、思考题

1.零件的使用要求包括哪些? 以机床主轴为例说明其使用要求。

2.在选择毛坯成形方法时,首先应该考虑的因素是什么?

3.为什么轴杆类零件一般采用锻件为毛坯,而机架-箱体类零件多采用铸件作为毛坯?

4.为什么齿轮大多是以锻件为毛坯,而带轮、飞轮则多用铸件为毛坯?

5.铸造工艺对铸件结构的要求是什么?

6.自由锻件和模锻件的设计原则分别是什么? 两者有何区别?

7.焊接过程中,焊缝该如何布置? 应当遵循什么原则?

二、简答题

试为下列零件选择合适的材料、成形方法及相应的热处理工艺。

1. 受冲击的高速重载齿轮，要求齿面硬度高（58～63 HRC）且耐磨性好。

_____

_____

2. 汽车和拖拉机曲轴，在常温下工作，承受交变的弯曲和冲击载荷，应具有良好的综合力学性能。

_____

_____

3. 普通机床床身，主要承受压应力和弯曲应力，要求具有良好的刚度和减震性。

_____

_____

4. 大型轧钢机、大型锻压机的机身。

_____

_____

5. 家庭用的液化气钢瓶。

_____

_____

6. 燃气轮机上的叶片和普通风扇叶片。

_____

_____

7. 弹簧垫圈。

_____

_____

8. 滚动轴承，要求具有较高的强度和耐磨性。

_____

_____

9.普通机床主轴。

10.汽车柴油机曲轴。

第 2 部分　机械加工工艺基础

第 1 章　金属切削加工的基础知识

本 章 重 点

本章重点是切削加工的运动分析,刀具材料的性能及刀具角度的作用,金属切削过程中的各种物理现象及其对切削加工质量的影响。

一、切削加工的运动分析

切削加工是从毛坯上切除多余的金属,以获得所需几何形状、尺寸精度和表面粗糙度的机器零件的一种加工方法。为了切除金属,刀具与工件之间必须有一定的相对运动,即切削运动。根据在切削过程中所起的作用来区分,切削运动分为主运动和进给运动。学习本章要求掌握机床的主运动、进给运动及其运动特征(轨迹与速度)。

二、刀具材料和刀具角度

刀具材料中以最常用的高速钢和硬质合金为重点。学习本章要求掌握其性能特点及应用。

识别刀具角度是理解它们作用的必要条件。要想正确识别刀具角度,首先要搞清确定刀具角度的三个相互垂直的辅助平面及这三个辅助平面和刀具、工件的相互关系。刀具的各个角度都是以辅助平面为基准确定的。学习本章要求掌握刀具各主要角度(γ_0,α_0,κ_r,κ'_r,λ_s)的作用及对切削加工的影响。

三、金属切削过程及其物理现象

金属切削过程实质上是一种挤压过程。切削层金属受刀具的挤压而产生变形是切削过程中的基本问题。金属切削过程中产生的积屑瘤、切削力、切削热、加工硬化和刀具磨损等物理现象,都是由切削过程中的变形和摩擦所引起的。学习本章要求了解这些物理现象对切削加工质量的影响,特别是切削力和切削热对切削加工的影响。

四、切削加工的技术经济指标

切削加工的技术经济指标有加工质量、生产率和经济性等三方面。在加工过程中,应力求做到用最低的成本生产出更好的产品。在刀具材料、刀具角度以及加工条件一定的前提下,切削用量的选择和工件材料的可切削性将直接决定切削加工的经济性。

习　　题

一、填空题

1. 切削用量三要素指的是＿＿＿＿＿＿＿＿、＿＿＿＿＿＿＿＿和＿＿＿＿＿＿＿＿。

2. 在金属切削过程中,切削运动可分为＿＿＿＿＿＿和＿＿＿＿＿＿。其中＿＿＿＿＿＿＿＿消耗功率最大,速度最高。

3. 切削层几何参数包括＿＿＿＿＿＿,＿＿＿＿＿＿,＿＿＿＿＿＿。

4. 金属切削刀具的材料应具备的性能有＿＿＿＿＿＿＿、＿＿＿＿＿＿、＿＿＿＿＿＿、＿＿＿＿＿＿、＿＿＿＿＿＿。在所具备的性能中,＿＿＿＿＿＿＿＿是最关键的。

5. 刀具在高温下能保持高硬度、高耐磨性、足够的强度和韧性,则该刀具的＿＿＿＿较高。

6. 常用的刀具材料有＿＿＿＿＿＿＿＿＿＿＿＿＿＿＿＿＿。切削铸铁类脆性材料应选用＿＿＿＿＿＿＿＿牌号的硬质合金刀具;切削塑性材料应选用＿＿＿＿＿＿＿＿牌号的硬质合金刀具。

7. 高速钢是含有较多的＿＿＿＿＿＿＿＿＿＿＿合金元素的高合金工具钢,如＿＿＿＿＿＿＿,与碳素工具钢和合金工具钢相比,具有较高的＿＿＿＿＿＿＿＿。

8. 车刀是由＿＿＿＿＿＿＿＿和＿＿＿＿＿＿＿＿组成的。

9. 前刀面和基面的夹角是＿＿＿＿＿＿角,后刀面与切削平面的夹角是＿＿＿＿＿＿角,主切削刃在基面上的投影和进给方向之间的夹角是＿＿＿＿＿＿角,主切削刃与基面之间的夹角是＿＿＿＿角。

10. 刀具角度中,影响径向分力 F_y 大小的角度是＿＿＿＿＿＿。因此,车削细长轴时,为减小径向分力作用,＿＿＿＿＿＿角常用 75° 或 90°。

11. 在切削过程中,当系统刚性不足时为避免引起振动,刀具的前角应＿＿＿＿＿＿,主偏角＿＿＿＿＿＿。

12. 车外圆时,刀尖高于工件中心,工作前角＿＿＿＿,工作后角＿＿＿＿。镗内孔时,刀尖高于工件中心,工作前角＿＿＿＿,工作后角＿＿＿＿。

13. 车削时,为了减小工件已加工表面的残留面积高度,可采用增大＿＿＿＿＿＿＿或减小＿＿＿＿＿＿和＿＿＿＿＿＿的办法。

14. 切削过程中影响排屑方向的刀具角度是＿＿＿＿＿＿,精加工时,＿＿＿＿角应取＿＿＿＿值。

15. 塑性金属材料的切削过程分为 ＿＿＿＿＿＿＿＿＿＿＿ 、＿＿＿＿＿＿＿＿＿＿＿ 、
＿＿＿＿＿＿＿＿＿＿＿ 三个阶段。

16. 切屑种类一般包括 ＿＿＿＿＿＿＿＿ ，＿＿＿＿＿＿＿＿ 和 ＿＿＿＿＿＿＿＿ 。

17. 积屑瘤产生的条件是 ＿＿＿＿＿＿＿＿＿＿＿＿＿＿＿＿＿＿＿＿＿＿＿ 。避
免积屑瘤的产生,主要控制切削用量中的 ＿＿＿＿＿＿＿＿＿ 。

18. 金属的塑性变形,将导致其 ＿＿＿＿＿＿＿＿＿＿ 、＿＿＿＿＿＿＿＿＿＿ 提高,而
＿＿＿＿＿＿＿＿＿＿ 、＿＿＿＿＿＿＿＿＿ 下降,这种现象称为加工硬化。

19. 在切削用量中,影响切削力大小最显著的是 ＿＿＿＿＿＿＿ ;影响切削温度大小最显著
的是 ＿＿＿＿＿＿＿＿ 。

20. 切削力常分解到三个相互垂直的方向上：＿＿＿＿＿＿＿ 力与主切削刃上某点的切削速
度方向一致;与工件轴线平行的为 ＿＿＿＿＿＿＿ 力;与工件半径方向一致的是 ＿＿＿＿＿＿＿ 力。

21. 切削液的作用有 ＿＿＿＿＿＿＿ 作用、＿＿＿＿＿＿＿ 作用、＿＿＿＿＿＿＿ 作用和
＿＿＿＿＿＿＿ 作用。

22. 从提高刀具耐用度出发,粗加工时选择切削用量的顺序应是 ＿＿＿＿＿＿＿＿＿＿＿＿＿
＿＿＿＿＿＿＿＿＿＿＿＿＿＿＿＿＿＿＿＿＿＿＿＿＿＿＿＿＿＿＿＿＿＿＿＿＿＿＿ 。

23. 零件的技术要求一般包括 ＿＿＿＿＿＿＿＿＿＿＿＿＿＿＿＿＿＿＿＿＿＿＿＿＿＿＿
＿＿＿＿＿＿＿＿＿＿＿＿＿＿＿＿＿＿＿＿＿＿＿ 等项目。新国标规定,尺寸公差等
级分为 ＿＿＿＿＿＿ 级,其中 ＿＿＿＿＿＿ 级公差值最小,精度最高;＿＿＿＿＿＿ 级公差值最大,精
度最低。

24. 材料的可切削性是指 ＿＿＿＿＿＿＿＿＿＿＿＿＿＿＿＿＿＿＿＿＿＿＿＿＿＿ 。最
常用的衡量标准是 ＿＿＿＿＿＿＿＿＿＿＿＿＿＿＿＿＿ 。材料的相对切削性 $K_r =$
＿＿＿＿＿＿＿＿＿＿ ,K_r 愈大,说明该材料的切削性愈 ＿＿＿＿＿＿＿ 。

25. 生产中,改善切削加工性的主要措施有 ＿＿＿＿＿＿＿＿＿＿ ,＿＿＿＿＿＿＿＿＿ 。

二、判断题(在正确的题后打"√",在错误的题后打"×")

1. 切削运动是刀具和工作平台之间的相对运动。　　　　　　　　　　　　　　　（　　）
2. 高速车削时刀尖温度高达数百摄氏度,因而它已不属于冷加工范围。　　　　　（　　）
3. 切削用量表示切削时各运动参数的数值,是调整机床参数的依据。　　　　　　（　　）
4. 刀具前角 γ_0 愈大,切屑变形程度就愈大。　　　　　　　　　　　　　　　　（　　）
5. 前角 γ_0 大,刀刃锋利;后角 α_0 愈大,刀具后刀面与工件摩擦愈小,因而在选择前角和后
角时,应采用最大前角和后角。　　　　　　　　　　　　　　　　　　　　　　（　　）
6. 切削深度 a_p 增大一倍时,切削力 F_r 也增大一倍。当进给量 f 增大一倍时,切削力 F_r 也
增大一倍。　　　　　　　　　　　　　　　　　　　　　　　　　　　　　　　（　　）
7. 切屑形成过程是金属切削层在刀具作用力的挤压下,沿着与待加工面近似成 45° 夹角
滑移的过程。　　　　　　　　　　　　　　　　　　　　　　　　　　　　　　（　　）

8.切削钢件时,因其塑性较大,故切屑呈碎粒状。 （　）

9.为避免积屑瘤的产生,切削塑性材料时,应采用中速切削。 （　）

10.切削力的三个分力中,轴向力愈大,工件愈易弯曲,易引起振动,影响工件的精度和表面粗糙度。 （　）

11.切削加工时,减小刀具的主偏角 κ_r,切削温度上升。 （　）

12.精加工所加冷却润滑液多为电介质水溶液、乳化液,因为这对提高表面质量有较大作用。 （　）

13.粗加工应采用以润滑作用为主的切削液。 （　）

14.某种钢的相对加工性 $K_r = 1.6 \sim 3$,表示这种钢较 45 钢难切削。 （　）

15.在钢中加入适量的硫、铅等元素,可有效改善其切削加工性。 （　）

三、简答题

1.用适宜位置的剖面图和视图表示出如下数值的外圆车刀几何角度:$\gamma_0 = -25°$,$\alpha_0 = 10°$,$\kappa_r = 90°$,$\kappa'_r = 5°$,$\lambda_s = -10°$。

2.弯头车刀刀头的几何形状如图 1-1 所示,试分别说明车外圆、车端面(由外向中心进给)时的主切削刃、副切削刃、刀尖、前角 γ_0、后角 α_0、主偏角 κ_r 和副偏角 κ'_r。

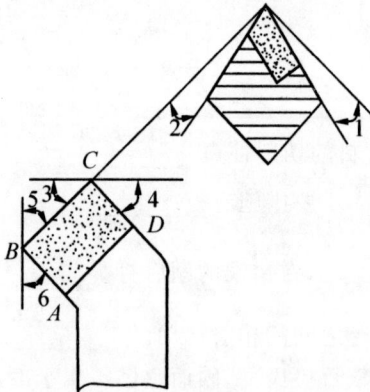

图 1-1　弯头车刀刀头

车外圆:　　　　　　　　　　　　车端面:

主切削刃_____,　　　　　　主切削刃_____,

副切削刃_____,　　　　　　副切削刃_____,

刀尖_____,前角_____,　　　　刀尖_____,前角_____,

后角_____,主偏角_____,　　　后角_____,主偏角_____,

副偏角_____。　　　　　　　副偏角_____。

3.写出如图 1-2 所示刀具中各编号所代表的几何角度符号及名称。

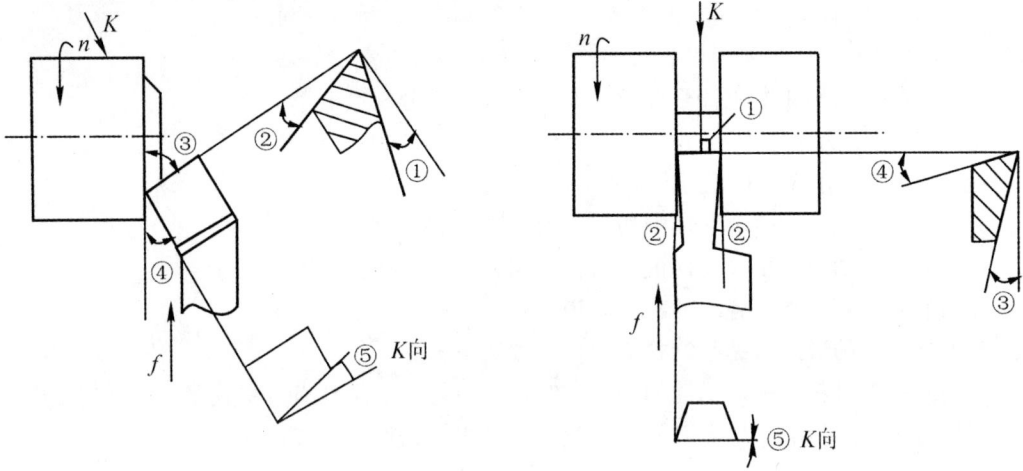

图 1-2 刀具

(a)端面车刀车端面   (b)切断刀切断

图(a):

①_____,②_____,

③_____,④_____,

⑤_____。

图(b):

①_____,②_____,

③_____,④_____,

⑤_____。

4.如图 1-3 所示四种加工状况,切削面积均相等。请回答:

(1)在(a)(b)两种情况(改变切削深度 a_p 及进给量 f)下:总切削力 F_r 较小的是_____;刀具磨损较慢的是_____。

(2)在(b)(c)(d)三种情况(改变主偏角 κ_r)下:切深抗力 F_y 较小的是_____;刀具磨损较慢的是_____。

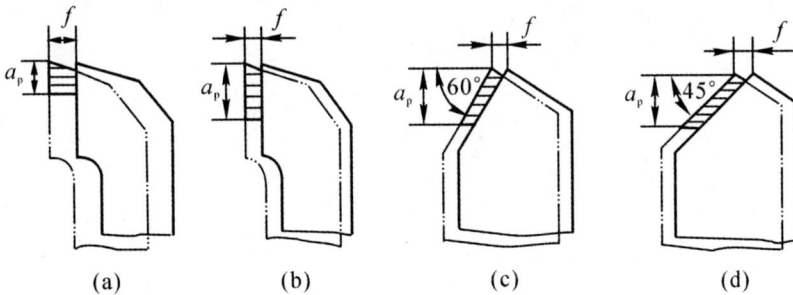

图   1-3

(a) $f=1$, $a_p=1$ (b) $f=0.5$, $a_p=2$ (c) $f=0.5$, $a_p=2$ (d) $f=0.5$, $a_p=2$

四、思考题

1. 何谓切削用量?车、钻、刨、铣及磨削的切削用量如何表示?

2. 切削要素包括哪些内容?

3. 硬质合金主要包括哪几类?各自特点和用途是什么?

4．刀具材料的发展方向有哪些？

5．切屑形成过程的实质是什么？为什么要了解它？

6．影响切削加工质量的因素有哪些？有哪些改进措施？

7．积屑瘤、加工硬化对工件表面质量有何影响？试分析其利弊。

8．刀具耐用度的含义是什么？它和刀具寿命有何不同？

9．试述合理选用切削用量三要素的基本原则。

10．切削力是如何产生的？影响切削力的因素主要有哪些？

11．切削热是如何产生又如何散失的？对切削加工有何影响？

12．切削液有哪几类？各自的特点和用途是什么？

13．刀具磨损的形式有哪些？一般用什么方法来测量？

14．如何评价材料切削加工性的好坏？改善材料切削加工性有哪些途径？

15．如何表示切削加工生产率的高低？通常采用什么途径来提高生产率？

第2章 金属切削机床的基础知识

本 章 重 点

本章介绍了机床的分类、型号、常见的传动方式及机床的自动化。学习本章应重点了解机床的型号,机床的传动方式,机床上常用的几种传动副的传动特点和应用场合,并学会初步计算传动副和传动链的传动关系。

习　题

一、填空题

1. 金属切削机床分为＿＿＿＿＿＿、＿＿＿＿＿＿、＿＿＿＿＿＿、＿＿＿＿＿＿、齿轮加工机床、螺纹加工机床、＿＿＿＿＿＿、＿＿＿＿＿＿、拉床、锯床和其他机床等共11类。

2. 机床的3个基本部分包括＿＿＿＿＿＿、＿＿＿＿＿＿和＿＿＿＿＿＿。

3. 专门化机床和专用机床的区别是＿＿＿＿＿＿＿＿＿＿＿＿＿＿＿＿。

4. 机床按通用程度分为＿＿＿＿＿＿、＿＿＿＿＿＿和＿＿＿＿＿＿。

5. CA6140车床用普通外圆车刀车圆柱面属于＿＿＿＿＿＿,车螺纹属于＿＿＿＿＿＿。

6. C6132表示＿＿＿＿类机床,其中32表示＿＿＿＿＿＿＿＿＿＿＿＿＿＿。

7. M1432表示＿＿＿＿类机床,其中32表示＿＿＿＿＿＿＿＿＿＿＿＿＿＿。

8. 在机床传动中,常用的传动副有＿＿＿。能获得最大降速比的机构是＿＿＿＿＿＿＿＿＿＿＿＿＿＿＿＿＿＿。

9. 零件加工中,＿＿＿＿＿＿可以是简单成形运动,也可以是复合成形运动;＿＿＿＿＿＿可以是步进的,也可以是连续进行的。

10. 构成一个传动联系的一系列传动件,称为＿＿＿＿＿＿。

11. 传动原理图表示了＿＿＿＿＿＿＿＿＿＿＿＿。

12. 机床上常用的换向机构有＿＿＿＿＿＿＿＿＿＿＿＿＿＿＿＿＿＿＿＿。

13. 平面磨床工作台往复运动时,油缸的作用是＿＿＿＿＿＿＿＿＿＿＿＿＿＿＿＿＿＿＿＿＿＿＿＿＿＿＿＿＿。

14.在磨床液压系统中,液压泵的作用是＿＿＿＿＿＿＿＿＿＿＿＿＿＿＿＿＿＿＿＿＿；
溢流阀的作用是＿＿＿＿＿＿＿＿＿＿＿＿＿＿＿＿＿＿＿＿＿＿＿;调速阀的作用是
＿＿＿＿＿＿＿＿＿＿＿＿＿＿＿＿;换向阀的作用是＿＿＿＿＿＿＿＿＿＿＿＿＿＿＿。

15.常用的自动机床与半自动机床的加工程序一般是用＿＿＿＿＿＿＿＿＿＿＿＿＿＿＿、
＿＿＿＿＿＿＿＿＿＿及＿＿＿＿＿＿＿＿＿＿＿＿＿＿＿来控制的。

16.加工中心有＿＿＿＿＿＿＿＿＿＿装置,所以能自动换刀,连续自动加工。

17.数控机床最适用于＿＿＿＿＿＿＿＿＿＿＿＿＿＿＿＿＿＿＿＿＿＿＿＿＿的加工。

二、简答题

1.如图 2-1 所示的传动链,试计算:

(1)轴 II 的转速。＿＿＿＿＿＿＿＿＿＿＿＿＿＿＿＿＿＿＿＿＿＿＿＿＿＿＿＿＿＿＿

(2)轴 III 的转速。＿＿＿＿＿＿＿＿＿＿＿＿＿＿＿＿＿＿＿＿＿＿＿＿＿＿＿＿＿＿＿

(3)轴 IV 的转速。＿＿＿＿＿＿＿＿＿＿＿＿＿＿＿＿＿＿＿＿＿＿＿＿＿＿＿＿＿＿＿

(4)齿条移动速度。＿＿＿＿＿＿＿＿＿＿＿＿＿＿＿＿＿＿＿＿＿＿＿＿＿＿＿＿＿＿＿

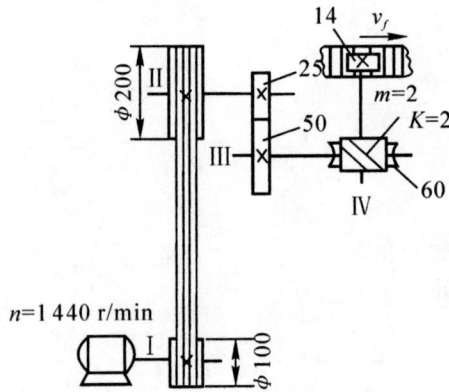

图 2-1　传动链

2.图 2-2 为某车床主轴箱的传动图。

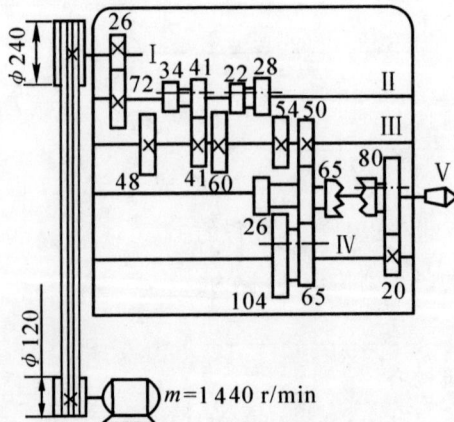

图 2-2　车床主轴箱传动图

(1)写出主运动传动链。 _____

(2)确定主轴 V 转速的级数。 _____

(3)计算主轴最大转速。 _____

(4)计算主轴最小转速。 _____

三、思考题

1.试比较机床上常用的传动副的传动特点和应用场合。

2.一般机床主要由哪几部分组成? 它们各起什么作用?

3.机床液压传动由哪几部分组成? 同机械传动相比有哪些优缺点?

4.自动机床的主要特点是什么?

5.单一产品大批量生产时,通常采用的自动化措施有哪些?

6.为什么采用数控机床对多品种小批量生产实现自动化非常有利?

第3章　零件表面的加工方法

本 章 重 点

本章重点是常用机床的切削运动形式、所完成的工作、加工方法及其工艺特点和应用,光整加工方法的工艺特点和应用,特种加工方法的加工原理和应用,外圆、内孔、平面加工方案的选择。

一、车削加工

车削的应用范围很广,主要用来加工各种回转表面,特别适于加工轴、套、盘等类零件上的圆柱面、圆锥面和成形表面等。学习这部分时,应以车床的组成、功用和传动关系为基础,熟悉工件与刀具的类型和安装方法以及工件和刀具之间的相对运动,从而熟悉车床上的主要工作及适于车削加工的零件类型,掌握车削加工的工艺特点。

二、钻削与镗削加工

钻削、镗削主要用来加工内圆表面。

钻、扩、铰孔所使用的刀具与车削相比要复杂。由于麻花钻、扩孔钻和铰刀在结构特点、切削条件上存在着差异,因而钻、扩、铰孔加工的加工精度依次提高。

镗孔所用的刀具结构简单,通用性大。对于不同生产类型和精度要求的孔,都可以采用镗削加工。

三、刨削、插削与拉削加工

刨削主要用来加工平面和直线型沟槽。在单件、小批量生产中,以及维修车间和模具车间应用较多。

插削相当于"立式刨床"的加工,主要用来加工型孔、孔内直槽和某些外成形面。

拉削可看作是刨削的进一步发展。拉削可加工平面及各种形状的通孔,主要用在成批、大量生产中。

四、铣削加工

铣削主要用来加工平面、沟槽、成形面和分度工件。铣削方式较多,如端铣和周铣,顺铣和逆铣。要求学习本章后能根据具体条件正确选用。

五、磨削加工

磨料切削加工的特点是磨料属非金属材料,它既可切硬的金属,又可切软的金属。它是一种精加工方法,比一般刀具加工可达到更高的精度和更低的表面粗糙度。常见的磨削方法有外圆磨削、内圆磨削、无心磨削、平面磨削等。学习这部分时,应着重了解磨削主要用于精加工和能够磨削硬材料的原因及磨削工艺的特点和应用。

六、光整加工

光整加工是指研磨、珩磨、超精加工和抛光等加工。一般在精车、精镗、精铰和精磨的基础上进行,其目的是获得比普通磨削更高的尺寸精度(IT6~IT5 或更高)、形状精度(超精加工和抛光除外)和更低的表面粗糙度(Ra 值为 $0.1\sim0.006\ \mu m$)。光整加工一般不能提高位置精度。

光整加工的加工设备简单、加工方法简便。光整加工在各种类型生产中均可使用,是常用的精密加工方法。

七、特种加工

所谓特种加工,是相对于传统的切削方法而言的。实质上是直接利用电能、声能、光能和电化学能等能量形式进行加工的总称。它与传统的切削加工方法相比具有两个特点:第一,主要不是依靠机械能而是依靠其他能量形式来切除被加工材料的多余部分,因而,加工过程中工具与工件之间没有显著的机械切削力;第二,加工用的工具材料的硬度可以低于被加工材料的硬度。

由于这些特点,特种加工主要用于加工一般刀具无法进行切削的难切削材料或精密细小和形状复杂的零件。

八、零件表面加工方法选择

对同一个表面可以有多种加工方法,加工时应根据具体情况选择最适宜的方法,以获得符合要求的工件表面。应遵循的原则如下。

(1)粗、精加工分开。粗加工时,切削深度和进给量都较大,其目的是切除工件的大部分加工余量并及时地发现毛坯缺陷(如砂眼、裂纹、局部余量不足等)。但切削力大,切削热多,会引起工件变形及内应力的重新分布等,将破坏已加工表面的精度。因此,经过粗加工之后,再进行精加工,可获得符合精度和表面粗糙度要求的表面。

(2)综合选用各种加工方法。加工时,要根据零件表面的技术要求,考虑各种加工方法的特点和应用,综合地将几种加工方法配合起来,以便逐步地完成零件表面的加工。

习　题

一、填空题

1.车床适用于加工_____的表面。

2.有色金属轴类零件的外圆表面,通常采用_____的方法进行精加工。

3.加工细长轴时,采用中心架及跟力架,可以减少工件的_____,使加工顺利进行。

4. 车削圆锥面的方法有 _____、_____、_____ 和 _____ 等。其中 _____ 法只能加工锥体长度短的圆锥面；其中 _____ 法只能加工外圆锥面。

5. 在车床上钻孔时，主运动是 _____ 转动，进给运动是 _____ 移动，钻出的孔容易产生 _____；在钻床上钻孔时，主运动是 _____ 转动，进给运动是 _____ 移动，钻出的孔容易产生 _____。

6. 钻削的工艺特点为 _____、_____、_____。

7. 孔加工中镗床主要用于 _____ 零件上 _____ 的加工。

8. 刨削主要用来加工 _____，也广泛应用于加工 _____，如 _____。

9. 插削主要用在 _____ 生产中插削某些 _____，也可以加工某些零件的 _____。

10. 在拉削加工中，主运动是 _____，进给运动是靠 _____ 来实现的。

11. 顺铣是指铣削时，铣刀和工件接触部分的旋转方向和工件的进给方向相 _____。它有利于提高刀具耐用度，但只能对表面无硬皮且有消除进给机构中的 _____ 装置才能采用，否则会发生打刀。

12. 用分度头安装工件，铣削齿数为 16 的齿轮，分度头手柄每次要摇动 _____ 转。

13. 磨削的工艺特点是 _____。

14. 在无心外圆磨削中，将导轮倾斜安装的原因是 _____。将导轮制成双曲线回转体的目的是 _____。无心外圆磨适用于 _____。

15. 砂轮的硬度是指 _____。当磨削的工件材料较硬时，宜选用 _____（软、硬）的砂轮；当磨削较软材料时，宜选用 _____（软、硬）的砂轮。

16. 光整加工应在 _____ 的基础上进行。

17. 研磨、超级光磨和抛光可以用来加工 _____ 的表面，而珩磨主要用于 _____ 的加工。

18. 特种加工是指利用 _____ 来进行的加工方法。

19.电火花加工是利用 _____ 原理对材料进行加工。

20.电火花加工的表面质量主要是指被加工零件的 _____、_____ 和 _____。

21.电解加工时,工件接 _____ 电源的 _____,工具接 _____ 电源的 _____。

22.超声波加工是利用工具作 _____ 时,磨料对工件的 _____ 和 _____ 作用及 _____ 作用使工件成形的一种加工方法。

23.外圆表面的主要加工方法有 _____、_____、_____ 和 _____。

24.技术要求为 IT7,Ra 为 1.6 μm 的内孔,最终加工方法可以采用 _____ 或 _____ 或 _____。

25.常见的螺纹加工方法有 _____、_____、_____ 和 _____ 等。

26.车削螺距为 1.5 mm 的双头螺纹,当工件转过一转时,车刀移动的距离(即进给量)应是 _____。

27.试根据图 3-1 零件上孔的尺寸公差等级、表面粗糙度 Ra 值以及零件的类型、数量和孔所在零件的部位,分别选用加工这些孔所用的机床及最终加工方法。

孔 1:轴向油孔,ϕ 4H13,Ra 12.5 μm,5 件。机床 _____,最终加工方法 _____。

孔 2:主轴锥孔,Ra 0.4 μm,5 件。机床 _____,磨前加工方法 _____。

孔 3:径向油孔,ϕ 5H13,Ra 12.5 μm,100 件。机床 _____,最终加工方法 _____。

孔 4:轴孔,ϕ 30H7,长 95,Ra 1.6 μm,100 件。机床 _____,最终加工方法 _____。

孔 5:法兰盘孔,ϕ 40H10,Ra 3.2 μm,100 件。机床 _____,最终加工方法 _____。

孔 6:穿螺钉孔,ϕ 9H12,Ra 12.5 μm,100 件。机床 _____,最终加工方法 _____。

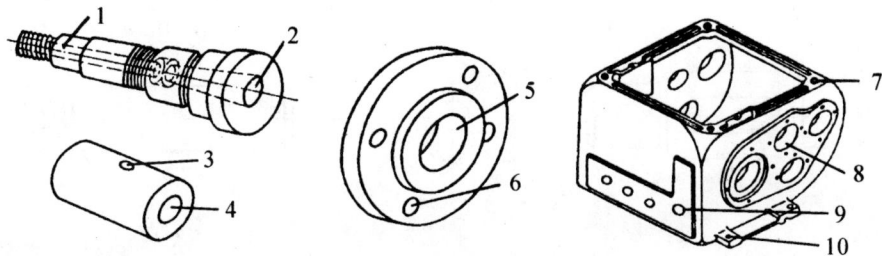

图 3-1　零件孔的加工

孔 7：螺纹底孔，ϕ 6.7H12，Ra 12.5 μm，10 件。机床＿＿＿＿＿＿＿＿，最终加工方法＿＿＿＿＿＿。

孔 8：轴承孔，ϕ 80H7，Ra 1.6 μm，10 件。机床＿＿＿＿＿＿＿＿，最终加工方法＿＿＿＿＿＿。

孔 9：轴孔，ϕ 20H7，Ra 1.6 μm，10 件。机床＿＿＿＿＿＿＿＿，最终加工方法＿＿＿＿＿＿。

孔 10：穿螺钉孔，ϕ 11H12，Ra 12.5 μm，10 件。机床＿＿＿＿＿＿＿＿，最终加工方法＿＿＿＿＿＿。

28.试从加工范围、加工质量、生产率、成本和应用场合等方面分析比较刨削和铣削的加工特点，并填入表 3－1 中。

表 3－1　刨削和铣削的加工特点比较

切削方式	加工范围	加工质量	生产率	成　本	应用场合
刨　削					
铣　削					

29.加工图 3－2 零件上标有粗糙度要求的表面，零件材料均为 45 钢，未淬火，各 20 件。试选定加工机床和刀具，并将机床与刀具的名称以及切削运动的形式填入表 3－2 中。

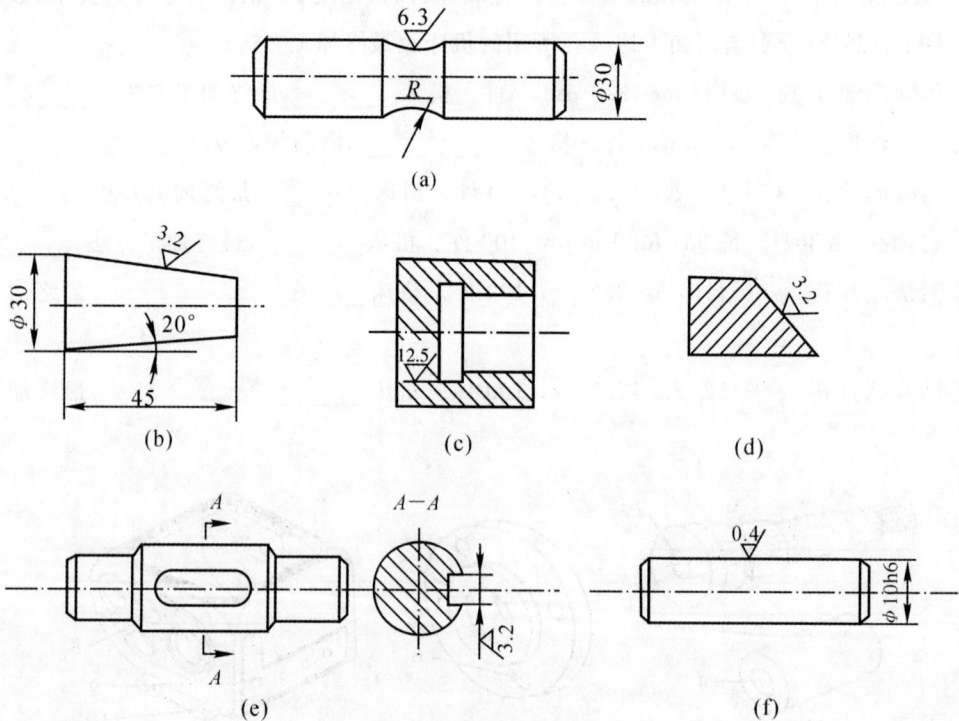

(a)

(b)　　　　　　(c)　　　　　　(d)

(e)　　　　　　　　　　(f)

图 3－2　零件表面的加工

表 3-2　零件表面的加工

图　号	机床名称	刀具名称	主运动形式	进给运动形式
(a)	车　床	成型车刀	工件旋转	车刀横向进给
(b)				
(c)				
(d)				
(e)				
(f)				

30.加工图 3-3 零件上标有粗糙度要求的表面,根据所给条件选择你认为最佳的最终加工方法。

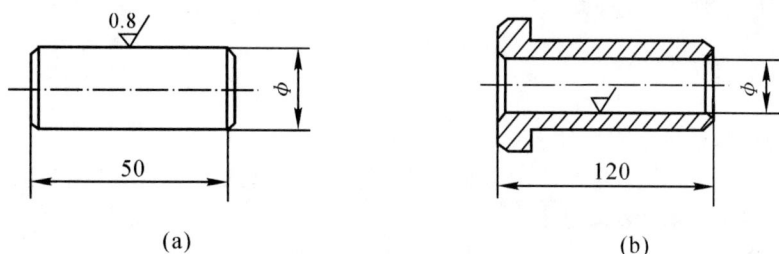

（a）　　　　　　　　　　　　　　　（b）

图 3-3　零件轴与孔的加工

图(a)：ϕ20h6，Ra 0.8 μm，5 000 件。最终加工方法：_____。

图(b)：ϕ30H5，Ra 0.025 μm，5 000 件。最终加工方法：_____。

　　　　ϕ30H5，Ra 0.025 μm，5 件。最终加工方法：_____。

二、判断题(在正确的题后打"√",在错误的题后打"×")

1.车削有硬皮的毛坯件时,为保护刀刃,第一次走刀,切深应小些。　　　　　　（　　）

2.钻头主切削刃最外缘处的前角最大,后角最小。　　　　　　　　　　　　　（　　）

3.在钻床上钻孔时,进给量是指刀具每转一转,工件的移动量。　　　　　　　（　　）

4.铰孔的目的是纠正钻孔时偏移位置。　　　　　　　　　　　　　　　　　　（　　）

5.铣平面时,周铣的生产率比端铣低。　　　　　　　　　　　　　　　　　　（　　）

6.顺铣和逆铣的区别在于铣床主轴的旋转方向不同。　　　　　　　　　　　　（　　）

7.在普通铣床上周铣时,因顺铣有窜动现象,所以,一般采用逆铣。　　　　　（　　）

8.拉削加工由于主运动速度较低,故不适于大量生产。　　　　　　　　　　　（　　）

9.砂轮的粒度号数愈大,则表示磨料的颗料尺寸愈大。　　　　　　　　　　　（　　）

10.砂轮的磨料愈硬,即表示砂轮的硬度愈高。　　　　　　　　　　　　　　（　　）

11.研磨用的研具材料比工件材料软。　　　　　　　　　　　　　　　　　　（　　）

12. 珩磨孔时,珩磨头与机床主轴之间是刚性连接。 （　　）
13. 电火花加工只能加工硬、脆的导电材料,不能加工韧、软的导电材料。 （　　）
14. 电解加工的生产率比电火花加工生产率高,加工精度比电火花加工的加工精度低。
 （　　）
15. 超声波加工主要用于加工不导电的硬脆材料。 （　　）
16. 单件、小批量生产中,加工铸铁齿轮上的孔,技术要求为 $\phi 20H7$, $Ra\ 1.6\ \mu m$,采用的加工方法为钻孔—扩孔—铰孔。 （　　）
17. 大批大量生产中,加工铸铁齿轮上的孔,技术要求为 $\phi 50H7$, $Ra\ 0.8\ \mu m$,采用的加工方案为钻孔—扩孔—粗铰孔—精铰孔。 （　　）
18. 加工变速箱箱体上的轴承孔,技术要求为 $\phi 62H7$, $Ra\ 0.8\ \mu m$,采用的加工方案为钻孔—扩孔—粗磨孔—精磨孔。 （　　）
19. 加工 $\phi 20h7$, $Ra\ 0.8\ \mu m$ 的紫铜小轴外圆,采用的加工方案为粗车—半精车—精车。
 （　　）
20. 加工技术要求为 $\phi 30h6$, $Ra\ 0.1\ \mu m$ 的紫铜轴外圆,采用的加工方案为粗车—半精车—粗磨—半精磨—精磨—研磨。 （　　）

三、选择题（多项）

1. 主运动是由刀具执行的机床有（　　　）。
 A. 车床　　　B. 镗床　　　C. 龙门刨床　　　D. 磨床　　　E. 牛头刨床
2. 主运动是旋转运动的机床有（　　　）。
 A. 车床　　　B. 磨床　　　C. 牛头刨床　　　D. 钻床　　　E. 插床
3. 圆柱孔加工机床有（　　　）
 A. 刨床　　　B. 钻床　　　C. 插床　　　D. 镗床　　　E. 磨床
4. 大型箱体零件上的孔系加工,最适用的机床是（　　　）。
 A. 钻床　　　B. 拉床　　　C. 镗床　　　D. 立式车床
5. 加工平面的机床有（　　　）。
 A. 万能磨床　B. 铣床　　　C. 钻床　　　D. 刨床　　　E. 拉床
6. 能用于成型面加工的机床有（　　　）。
 A. 车床　　　B. 铣床　　　C. 钻床　　　D. 刨床　　　E. 磨床
7. 淬硬工件表面的精加工,一般采用（　　　）。
 A. 车削　　　B. 铣削　　　C. 磨削　　　D. 刨削
8. 现要加工一批小光轴的外圆,材料为 45 钢,淬火硬度为 40～45 HRC,批量为 2 000 件,宜采用的加工方法是（　　　）。
 A. 横磨　　　B. 纵磨　　　C. 深磨　　　D. 无心外圆磨
9. 成批加工车床导轨面时,宜采用的半精加工方法是（　　　）。
 A. 精刨　　　B. 精铣　　　C. 精磨　　　D. 精拉
10. 加工 $\phi 100$ 的孔,常采用的加工方法是（　　　）。
 A. 钻孔　　　B. 扩孔　　　C. 镗孔　　　D. 铰孔
11. 加工花键孔可采用的方法是（　　　）。

　　A. 车削　　　　B. 钻削　　　　C. 拉削　　　　D. 铣削　　　　E. 插削

12. 一工件中部有一外锥面,要求锥角为 60°,锥长为 6 mm,应选用（　　　　）的加工方法。

　　A. 宽刀加工　　B. 转动小刀架加工　　　　C. 偏移尾座加工

13. 顶尖、鸡心夹、拔盘等机床附件是用来加工（　　　　）类零件的。

　　A. 套筒类　　　B. 盘类　　　C. 轴类　　　D. 圆销类

14. 光整加工长径比大于 10 mm 以上的深孔,最好采用（　　　　）。

　　A. 研磨　　　　B. 珩磨　　　C. 超级光磨　　　D. 抛光

15. 在玻璃上开一窄槽,宜采用的加工方法是（　　　　）。

　　A. 电火花　　　B. 激光　　　C. 超声波　　　D. 电解

四、简答题

1. 加工细长轴时,容易产生腰鼓形（中间大、两头小）,试分析产生的原因及采取的相应措施。

原因：_____

_____。

措施：_____

_____。

2. 简述钻孔时,产生"引偏"的原因及减小"引偏"的措施。

原因：_____

_____。

措施：_____

_____。

3. 试分析拉削加工生产率高的原因。

_____

_____

4. 试分析铣削加工一般仅采用逆铣而很少采用顺铣的原因。

_____

_____

5. 磨削加工为什么可以获得较高的精度及较低的表面粗糙度?

_____

_____

五、思考题

1. 一般情况下,为什么车削过程比铣削、刨削平稳?

2. 镗床镗孔的方式有哪几种？分别适用于什么情况？

3. 试比较铰孔和镗孔的工艺特点及应用。

4. 试比较铣削和刨削的工艺特点及应用。

5. 铣平面时，端铣与周铣相比有哪些优越性？

6. 砂轮的特性包括哪些方面？应如何选择？为什么？

7. 内圆磨削与外圆磨削相比有哪些特点？内圆磨一般用在什么情况下？

8. 为什么研磨、珩磨、超级光磨和抛光能达到很高的表面精度？

9. 什么是特种加工？它与传统的切削加工相比有何特点？

10. 说明电火花、电解、超声波和激光加工的基本原理、工艺特点和应用场合。

11. 零件表面的加工方案选择原则是什么？

第4章　机械零件的结构工艺性

本 章 重 点

零件的结构工艺性是指所设计的零件在满足使用要求的前提下,制造和装配的可行性和经济性。它是评价零件结构设计优劣的主要技术经济指标之一。

零件的制造一般要经过毛坯生产、切削加工、热处理、装配等阶段。零件结构设计时,应尽量使其在各个生产阶段都具有良好的结构工艺性。要使零件在切削加工过程中具有良好的结构工艺,除满足使用性能的要求外,还应遵循以下原则:

(1) 零件加工表面的几何形状应力求简单,以便于加工,提高生产效率。

(2) 尽量减少加工表面,减少刀具种类,表面精度高低要适当。

(3) 零件安装时其结构要保证定位准确,夹紧方便可靠,具有足够的刚性。

(4) 零件结构尺寸应标准化和规范化,以便于使用标准刀具和通用刀具。

(5) 零件的结构应与发展着的科学技术设备和先进工艺方法相适应。

习　　题

1. 图 4-1 为同一零件的两种不同设计方案。试分析比较哪一种结构工艺性较好,并简述理由。

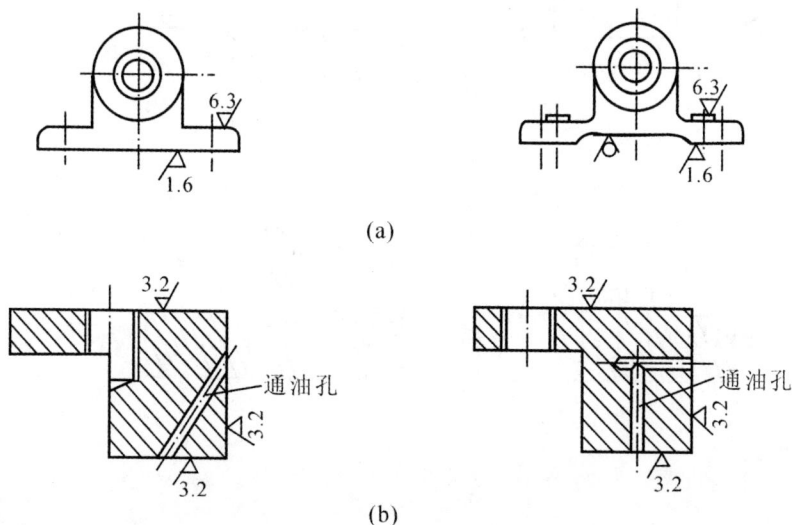

(a)

(b)

图 4-1　零件设计方案比较

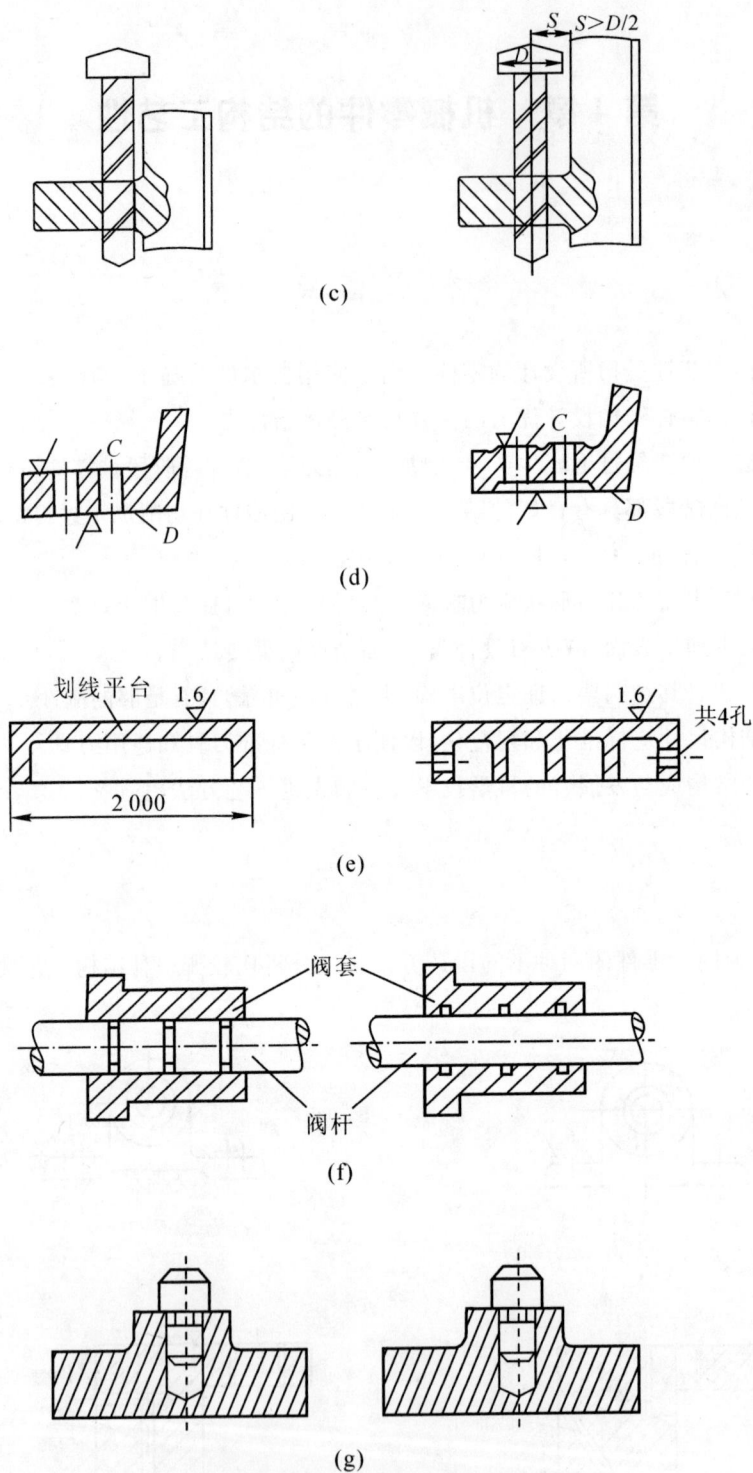

(c)

(d)

(e)

(f)

(g)

续图 4-1　零件设计方案比较

2.指出图 4-2 中零件难以加工或无法加工的部位,并提出改进意见。

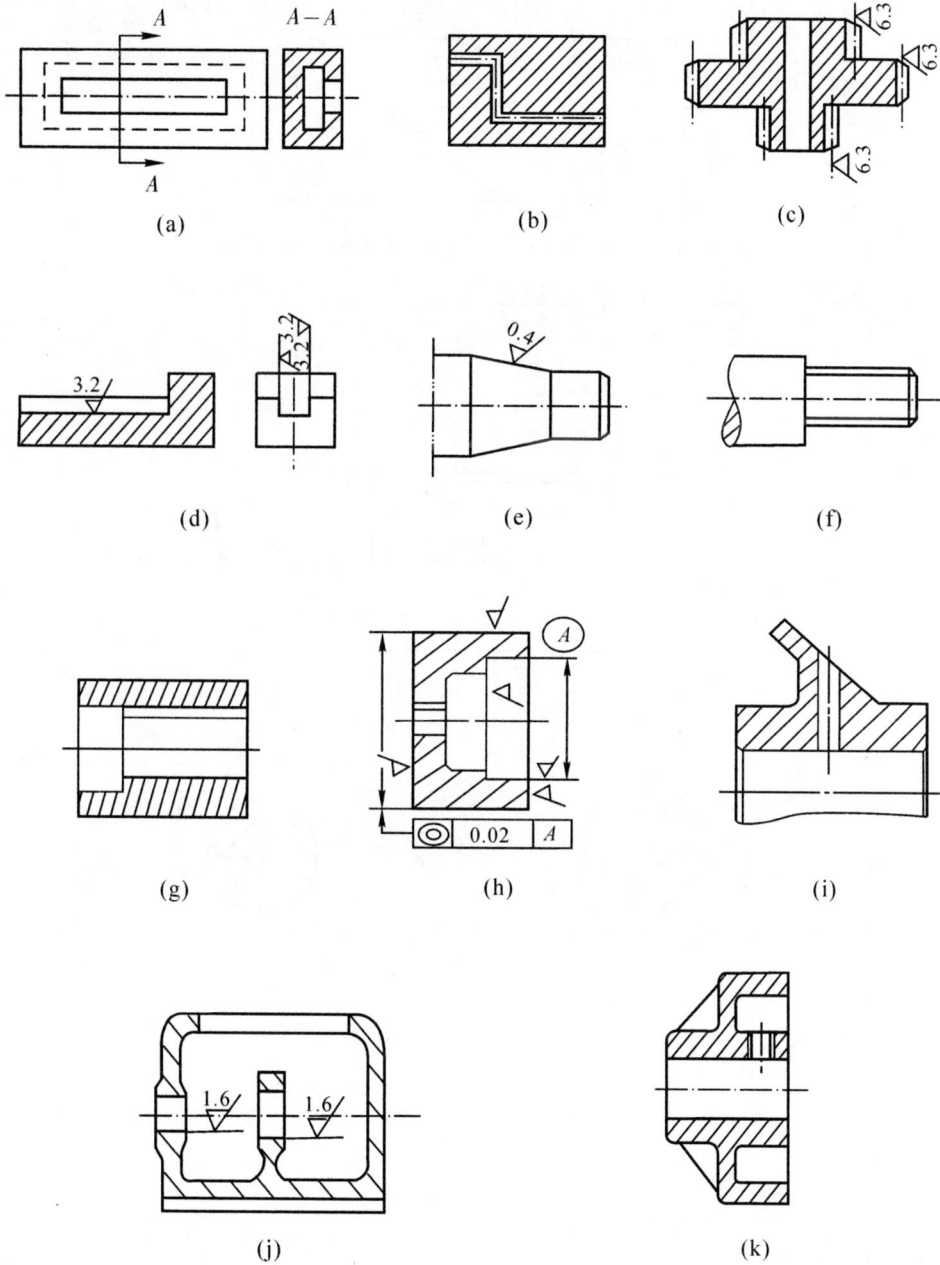

图 4-2　零件设计改进

3.分析图 4-3 中零件的结构工艺性,将不合理之处改正过来,并说明理由。

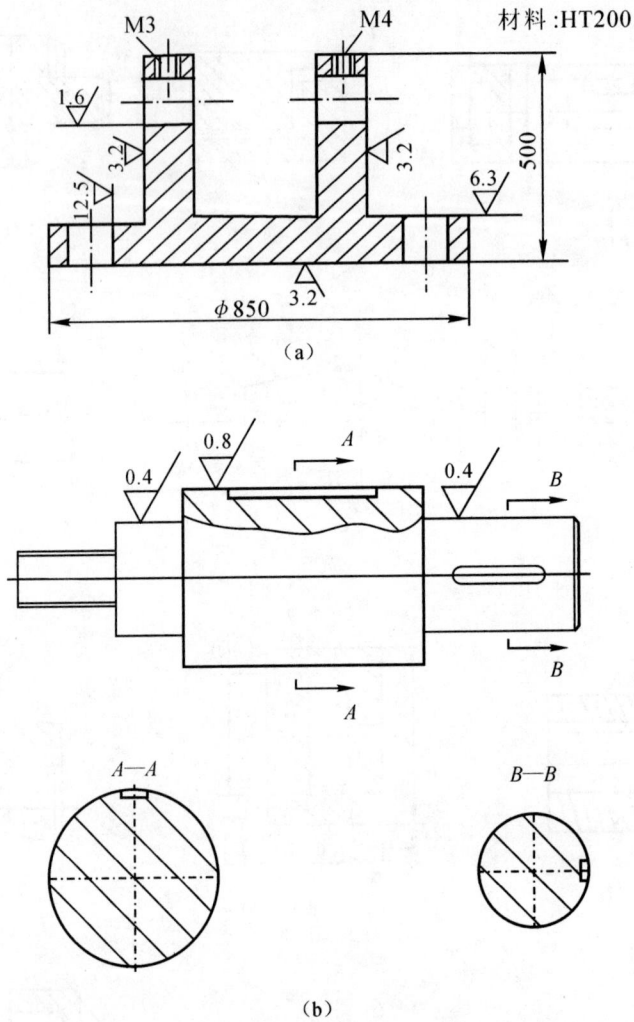

(a)

(b)

图 4-3 零件结构改进

第5章　机械加工工艺过程的基础知识

本 章 重 点

本章重点内容是工件的定位、定位基准的选择和零件机械加工工艺规程的拟订。

一、工件的定位

工件的定位应遵循六点定位原则。根据工件的技术要求、结构尺寸和加工方法等,定位可分为完全定位、不完全定位、过定位及欠定位。过定位在加工过程中应合理使用,欠定位在加工过程中是不允许出现的。

二、定位基准的选择

机械加工中用来确定工件在机床或夹具上正确位置的基准称为定位基准。定位基准又分为粗基准和精基准。用工件的毛坯表面作为定位基准称为粗基准,用工件的已加工表面作为定位基准称为精基准。

1. 选择粗基准一般应遵循的原则

(1)选取不加工的表面作为粗基准。

(2)选取要求加工余量均匀的表面作为粗基准。

(3)选取余量和公差最小的表面作为粗基准。

(4)选作粗基准的表面应尽可能平整,并有足够大的面积。

(5)粗基准在一个方向上只使用一次,应尽量避免重复使用。

2. 选择精基准一般应遵循的原则

(1)基准重合原则:应尽可能选用设计基准作为定位基准。

(2)基准同一原则:加工位置精度要求较高的某些表面时,应尽可能选用一个精基准。

(3)一次安装原则:尽量在一次安装中加工出有相互位置要求的所有表面,以保证各表面间的位置精度要求。

(4)互为基准原则:有位置精度要求的两个表面加工时,互相作为基准,以保证两个表面的位置精度。

(5)选择精度较高、安装方便并稳定可靠的表面作为精基准。

三、工艺规程的拟订

工艺规程是为了保证产品质量,提高生产效率和经济效益,把根据具体生产条件拟订的、较合理的工艺过程,用文字和图表的形式写成的文件。工艺规程直接指导生产准备、生产计划、生产组织、实际加工及技术检验等。

制订工艺规程的步骤大致如下：

(1) 零件的工艺分析。

(2) 毛坯的选择。

(3) 定位基准的选择。

(4) 工艺路线的制订。

(5) 选择或设计、制造机床设备。

(6) 选择或设计、制造刀具、夹具、量具及其他辅助工具。

(7) 确定工序的加工余量、工序尺寸及公差。

(8) 确定工序的切削用量。

(9) 估算时间定额。

(10) 填写工艺文件。

习　题

一、填空题

1. 机床夹具可分为两类，即_____夹具和_____夹具，其中_____夹具广泛应用于单件、小批量生产。

2. 根据基准的作用不同，基准分为_____和_____。

3. 定位基准是指_____基准。

4. 工件安装定位时根据受约束情况可分为_____定位、_____定位、_____定位和_____定位。为保证加工要求，不允许出现_____定位。

5. 选择精基准时，一般应遵循_____原则和_____原则等。

6. 定位基准不重合误差是_____和_____不重合所造成的误差。

7. 加工主轴零件时，为了确保支承轴颈和内锥孔的同轴度要求，通常采用_____原则来选择定位基面。

8. 零件的机械加工工艺过程由若干个_____所组成；在每一个工序中可以包含一个或几个_____；又可以包含一个或几个_____，在每一个安装中可以包含一个或几个_____，每一个工位可能包含一个或几个_____。工序是依据_____来划分的。

9. 加工工艺阶段一般划分为_____阶段、_____阶段和_____阶段。

10. 安排加工顺序的原则是_____、_____、_____、_____。

11. 根据产品的大小和生产纲领的不同，机械制造可分为三种不同的类型，即_____

_____、_____和_____。

12.在机床上加工工件时,必须使工件在机床或夹具上处于某一正确位置,这一过程称为_____。工件在机床上的安装一般经过_____和_____两个过程。

二、判断题(在正确的题后打"√",在错误的题后打"×")

1. 机床通用夹具有卡盘、分度头、钻模、镗模等。　　　　　　　　　　（　　）

2. 用机床夹具装夹工件,工件加工面与定位面之间的相互位置关系主要由夹具来保证。

　　　　　　　　　　　　　　　　　　　　　　　　　　　　　　　（　　）

3. 辅助工艺基准面指的是使用方面不需要,而为满足工艺要求在工件上专门设计的定位面。　　　　　　　　　　　　　　　　　　　　　　　　　　　　　　（　　）

4. 在切削加工过程中,工件要正确定位就必须完全约束其六个自由度。　（　　）

5. 过定位是指工件被约束的自由度数超过了六个。　　　　　　　　　　（　　）

6. 工件安装时被约束的自由度数少于六个就是不完全定位。　　　　　　（　　）

7. 工件夹紧后即实现了完全定位。　　　　　　　　　　　　　　　　　（　　）

8. 部分定位时,工件被限制的自由度数少于六个,所以会影响加工精度。（　　）

9. 粗加工过程中,所使用的定位基准面称为粗基准面。　　　　　　　　（　　）

10. 粗基准在一个方向上只使用一次。　　　　　　　　　　　　　　　　（　　）

11. 采用已加工表面作为定位基准面,称为精基准面。　　　　　　　　　（　　）

12. 零件表面的最终加工就是精加工。　　　　　　　　　　　　　　　　（　　）

13. 大量生产时,零件加工总余量比单件生产时零件加工总余量小。　　（　　）

三、简答题

1.分析图 5-1 中的通用夹具各限制了几个自由度。

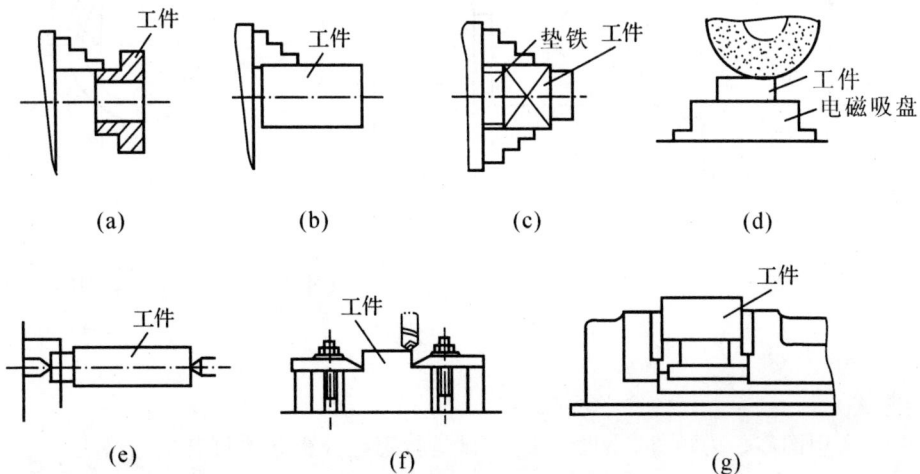

(a)　　　　　　　(b)　　　　　　　(c)　　　　　　　(d)

(e)　　　　　　　　(f)　　　　　　　　(g)

图 5-1　通用夹具

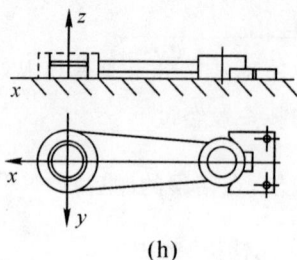

(h)

续图 5－1　通用夹具

2.试分析图 5－2 中钻模夹具的主要组成部分及工件的定位方案。

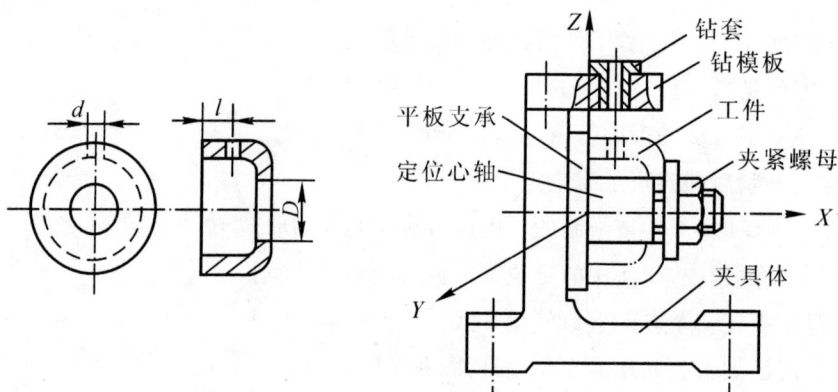

图 5－2　钻模夹具

3.图 5－3 为一心轴,生产数量为 10 件,试进行工艺分析并拟订其工艺路线。

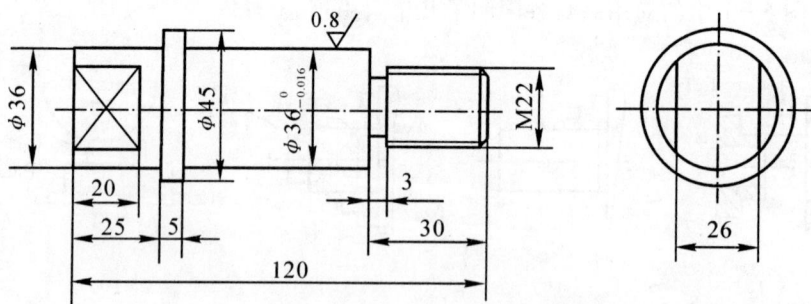

ϕ36外圆表面淬火40～45 HRC

图 5－3　心轴

4.图 5－4 中的零件为单件、小批量生产,试进行工艺分析并拟订其工艺路线。

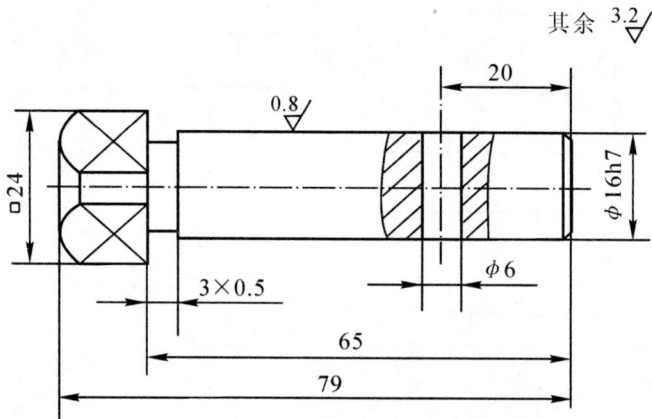

其余 $\sqrt{\dfrac{3.2}{}}$

材料45钢

方头淬硬 35 HRC

图 5 - 4　零件

5.图 5 - 5 中的法兰套为小批量生产,试制订其加工工艺过程。

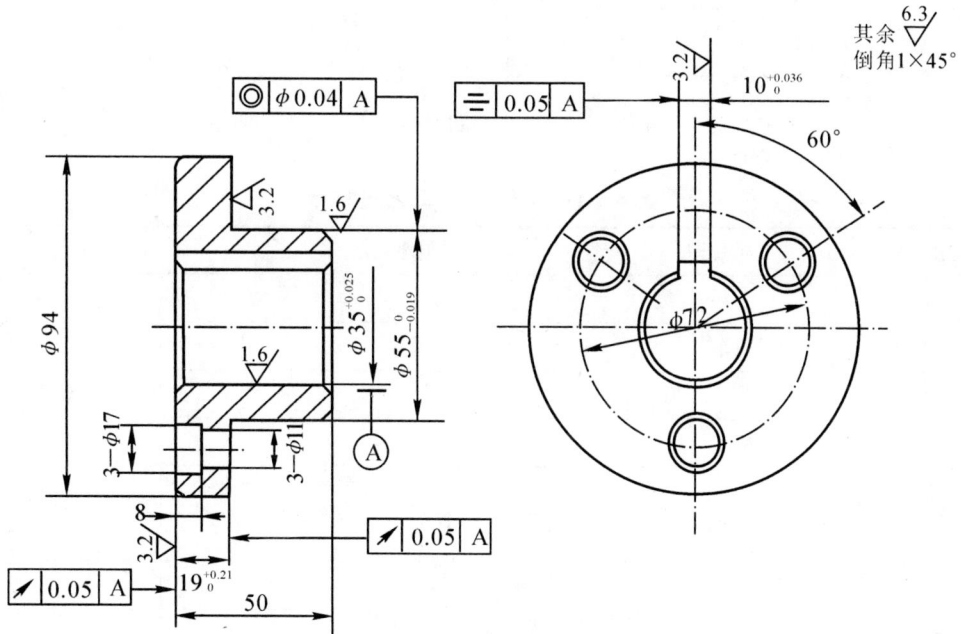

图 5 - 5　法兰套

6.加工图 5 - 6 的定位销轴,填写机械加工工艺过程卡(见表 5 - 1)。

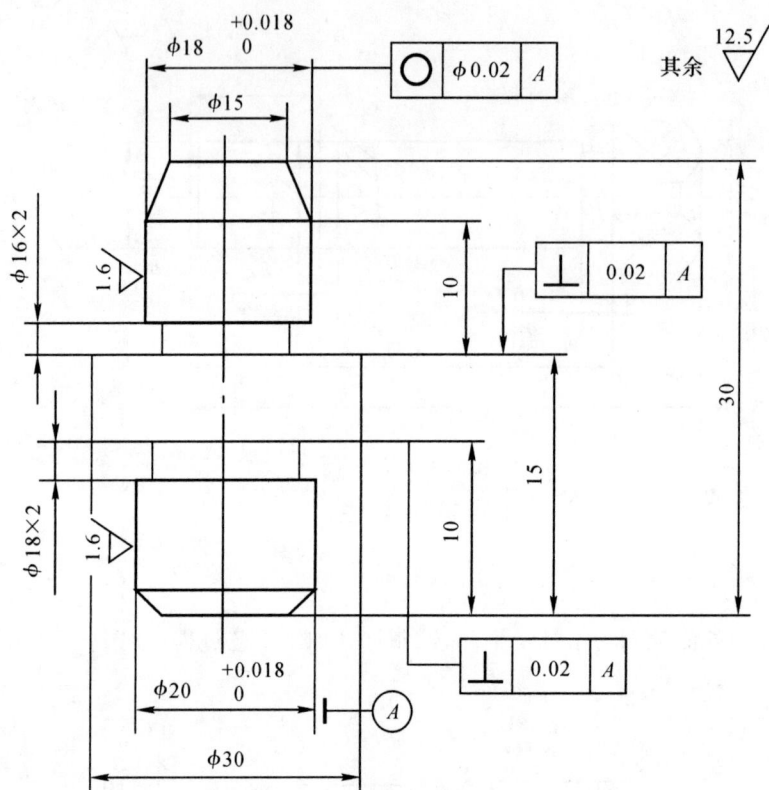

图 5-6　定位销轴

表 5-1　机械加工工艺过程卡

工序号	工序名称	工序内容	工艺装备
1	下料		锯床
2	粗车		C620
3	粗车		C620
4	精车		C620
5	精车		C620
6	热处理		
7	磨		M1420
8	检验		
9	入库		无

四、思考题

1. 什么是工艺过程？什么是工序？

2. 工件主要定位方式有哪些？主要采用的定位元件有哪些？

3. 何谓六点定位原理？实际加工中工件是否都要六点定位？定位点数目应如何确定？

4. 为什么不完全定位能保证定位精度？欠定位是不允许的吗？

5. 为什么要划分加工阶段？如何划分加工阶段？

6. 安排加工顺序时，为什么要粗、精加工分开进行？

7. 选择粗基准和精基准分别应遵循哪些原则？

8. 如何选择轴、盘套、箱体三类零件的主要精基准？简述其理由。

9. 正火、调质、时效和淬火等热处理工序在工艺过程中应如何安排？为什么？

10. 拟订工艺路线时，主要解决哪些问题？

参 考 文 献

[1] 邓文英．金属工艺学[M].4 版．北京:高等教育出版社,2000.

[2] 苏玉林,吴鹏．工程材料及机械制造基础习题册[M]. 北京:高等教育出版社,1996.

[3] 严绍华,张学政．金工实习指导与练习[M]. 北京:中央广播电视大学出版社,1986.

[4] 薛玉娥,王玉．机械制造基础习题集:上[M]. 西安:西北工业大学出版社,1994.

[5] 杨方,梁戈．机械制造基础习题集:下[M]. 西安:西北工业大学出版社,1994.